青少年 科普图书馆

图说生物世界

神通百变的植物
——植物趣闻

侯书议 主编

U0395638

上海科学普及出版社

图书在版编目（ＣＩＰ）数据

神通百变的植物：植物趣闻 / 侯书议主编. —上海 ： 上海科学普及出版社，2013.4（2022.6重印）

（图说生物世界）

ISBN 978-7-5427-5596-4

Ⅰ．①神… Ⅱ．①侯… Ⅲ．①植物－青年读物②植物－少年读物 Ⅳ. ①Q94-49

中国版本图书馆 CIP 数据核字(2012)第 272838 号

责任编辑　郭子安　　李　蕾

图说生物世界

神通百变的植物——植物趣闻

侯书议　主编

上海科学普及出版社

（上海中山北路 832 号　邮编 200070）

http://www.pspsh.com

各地新华书店经销　三河市祥达印刷包装有限公司印刷

开本 787×1092　1/12　印张 12　字数 86 000

2013 年 4 月第 1 版　2022 年 6 月第 3 次印刷

ISBN 978-7-5427-5596-4 定价：35.00 元

图说生物世界
编 委 会

从书策划:刘丙海 侯书议

主　　编:侯书议

副 主 编:李　艺

编　　委:丁荣立 文　韬 韩明辉

　　　　　侯亚丽 赵　衡 祝凤岚

绘　　画:才珍珍 张晓迪

封面设计:立米图书

排版制作:立米图书

前　言

　　在我们的常识中，植物有生命，而没有感情。这其实是一种主观的判断。事实上，植物世界与人类或其他动物一样，它们也拥有情感，有好恶之分，也有一些不为人们所熟知的本能。

　　如果你要是能够真正走进植物的世界，你就会发现，植物的世界并不是无声和枯燥的。因为，它们也可以像人类一样调剂自己的生活：有些植物会跳舞，有些植物会变脸，有些植物还会害羞……它们和人类有很多相似之处，其相似的程度甚至会让我们吃惊，自然也吸引更多的人走进它们的世界里去探个究竟。

　　在植物世界里，也有很多拥有神奇本领的，比如：有会翩翩起舞的情人草，有会发光的夜皇后，有能够进行天气预报的菖蒲莲和玉莲花，有侦查矿藏的帕特兰丝石竹，还有会唱歌的奠尔纳尔蒂……植物有如此多的本领，可谓是"人才辈出"啊！

　　植物虽然整天不言不语，看起来很温顺，但是，它们也不是好欺负的。比如，如果你敢触碰漆树，你的皮肤就会奇痒无比；如果你敢触碰飞刀花，你的手指就会流血……

因此,不要因为植物整天不吭声,你就认为它是好欺负的。那样,你就大错特错了。

在植物的世界里,虽然一切看起来都是那么的平静,但是,就在它们平静的外表之下,却深藏着不平静的"心"。它们大多身怀绝技,就像影视剧中的大侠一样善于隐藏自己,不出手则已,一出手让人惊叹不已。

为了更加深入地了解植物的神奇之处,就让我们共同走进它们妙趣横生的世界吧!

目 录

草亦有情

花花世界

树木江湖

多面植物

植物传奇

草亦有情

关键词：情人草、食肉植物、矿藏侦察兵、含羞草、醉人草、碰碰香、热唇草、会攻击人的草、会发光的草、小草预报天气、大力士王莲

导　读：作为食物链中重要的组成部分——草本植物，不但为诸多动物、家畜提供食物，它们自身也大放异彩，各展神通，并构成一个"草亦有情"的奇趣世界。

会跳舞的情人草

    武侠小说里除了经常会出现一些武功高强、飞檐走壁的大侠外，还有会出现一种奇怪的植物——情人草。情人草在武侠故事中，通常是以一种毒草的身份出现的。情人草不但是毒草，而且毒性极大，谁误食了情人草，要么肝肠寸断，要么死无葬身之地。我们的现实生活中也存在这种恐怖的情人草吗？

    其实，现实生活中确实有情人草这种植物，不过它们不但不恐怖可怕，还非常可爱、美丽。长得"漂亮"就不说了，居然还会"跳舞"嘞！情人草因为"会跳舞"这个特长，又得名为"跳舞草"。同时，因为"跳舞草"的舞姿非常优美、潇洒，人们又送给它另一个名字，叫"风流草"。

草居然会跳舞?不必如此惊讶,如果你有幸看到了跳舞草,将会发现它们在灿烂的阳光下,上下舞动,舞姿优美是可以与舞蹈家相媲美。它们的叶子可以自行进行交叉转动、亲近、"接吻",它们叶子的转动可以达到 180 度,并在转动之后弹回最初的角度。紧接着,它们会继续新一轮的转动,如此周而复始,没有停歇。这还不是最奇

特的,如果气温在 28℃~34℃之间,全株的叶子就像是久别重逢的情人一样,双双拥抱在一起。

跳舞草为什么会跳舞?难道是因为风婆婆的帮助?其实并非如此。科学家发现,跳舞草在没有风的条件下,照样可以在阳光下扭动它纤细的腰肢。如果有人对着它唱歌,它竟然也会翩翩起舞。

这是什么道理?科学家经过研究发现,跳舞草之所以能够跳舞,跟阳光有很大关系,可以说跳舞草跳舞的规律是,有光则跳,无光则停。至于跳舞草的跳舞与否为什么会受到阳光的影响,科学家有多种解释。

一种说法认为:跳舞草体内存在着的微弱电流可以感知到阳光,并且迫使跳舞草的叶子根据阳光的方向旋转;

另一种说法认为:跳舞草的舞蹈完全是处于生物对于环境适应性的需要。换种说法就是,跳舞草借助跳舞来躲避一些昆虫的侵害;

还有一种说法认为:当跳舞草的叶子旋转的时候,它可以躲避酷热,从而减少体内水分的流失。

跳舞草能够跳舞这一特性在植物界中可以说是一绝,被人们视为"世界一绝"、"中外奇观",它受到人们的喜欢和追捧,但可惜的是,跳舞草逐渐成为一种快要绝迹的珍稀植物。如今,野生的跳舞草主要分布在我国四川、湖北、贵州、广西、云南等地的深山老林中。

爱吃肉的草

植物界中的小草对自然的索取极少,只要有阳光,有水分,有土壤,就可以"快乐"地生长,就如比较省心且好养活的孩子。

但也并非全都如此，也总有那么几种比较贪吃的小东西，它们竟然喜欢吃肉！

听说过动物吃肉，当然也有食草动物。但是，还真没听说过植物竟然也吃肉！但在这个神奇的植物界中，还真有小草会吃肉。

而且，吃肉的小草不仅仅只有一种。据植物学家统计，世界上已知的食肉植物种类有 600 多种呢！食肉植物又叫食虫植物，它们的大部分猎物为昆虫和节肢动物。

虽然这些爱吃肉的小东西之间的亲疏远近关系不同，但是它们之中的大部分身上具有一些共同的特征，比如：长得漂亮，颜色亮丽，花蜜丰富，外形独特，同时体内还可以分泌消化酶或存在细菌。前者可以帮助肉食植物吸引小虫子的注意，而后者则可以帮助肉食植物吃下并消化掉它捕获的猎物。

比较知名的食肉植物有猪笼草、捕蝇草、茅膏菜、腺毛草等。不要说这些吃肉的小草贪吃，其实它们选择去吃肉也是被迫的。因为肉食植物一般生长在荒地、沼泽、泥岸等水分丰富却缺乏氮素的土壤里。在这样相对恶劣的生长环境里，一些植物为了生存下来，只好吃肉。

事实上，通过改变自己的生活习惯来适应恶劣的生存环境，这就是食肉植物的生存之道。

矿藏侦察兵

草本植物世界中的成员都有特长：有擅长跳舞的，有擅长吃肉的，有擅长酿酒的……居然，还有擅长"侦察"矿藏的！

小草也能"侦察"矿藏？别不信！有时候，小草的"鼻子"和"眼睛"比我们人类要灵敏多了。

比如帕特兰丝石竹就是一名非常优秀的侦察兵，它专门侦查"铜矿"。它们有什么专门仪器吗？原来，帕特兰丝石竹非常喜欢

我们这里有铜矿！

我也去

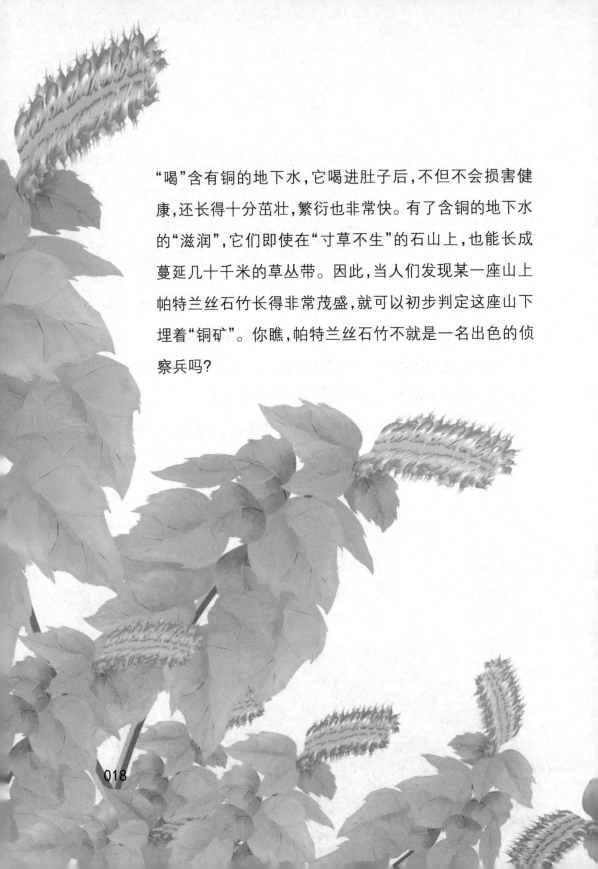

"喝"含有铜的地下水，它喝进肚子后，不但不会损害健康，还长得十分茁壮，繁衍也非常快。有了含铜的地下水的"滋润"，它们即使在"寸草不生"的石山上，也能长成蔓延几十千米的草丛带。因此，当人们发现某一座山上帕特兰丝石竹长得非常茂盛，就可以初步判定这座山下埋着"铜矿"。你瞧，帕特兰丝石竹不就是一名出色的侦察兵吗？

其实，不光帕特兰丝石竹有侦察铜矿的本领，一种叫做海州香薷的"铜草"、赞比亚的"铜花"等等，都能"侦察"出铜矿哩！但凡是"铜草"和"铜花"生长的地方，通常都表示这个地区含有丰富的铜矿。对了，野玫瑰也具有发现地下铜矿的"火眼金睛"呢，当它们发现铜矿了，还能偷偷地给人们通风报信。这些野玫瑰是靠什么通风报信的呢？原来，当地下有铜矿的时候，野玫瑰的颜色会变成蔚蓝色。

植物界中有侦察铜矿的好手，自然也有侦察其他矿藏的能手。

比如说，蒿子和兔唇草就是"侦察"金矿的能手。一般来说，如果一个地方含有金矿了，很多植物都不能生存，但是蒿子和兔唇草却能够生长。这两种植物肯定是"财迷"，它们不但能够在金矿上快活地生长，还能从土地里吸取金元素。正是因为这个原因，这两种草又被人叫做"金草"。除了金草外，一种叫做野薤子的植物也能充当侦察金矿的"优秀侦察兵"。

除了以上提及到的几名"侦察兵"，植物界中当然还有其他"矿藏侦察兵"。据统计，植物界中大约 70 多种草本植物都能"侦察"出矿藏来。

我们叫
海州香薷
"铜草"！

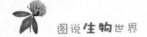

小草也害羞

在南美洲热带,温度高得太阳可以把鸡蛋烤熟,那里住着一群叫做含羞草的"土著植物居民"。

含羞草对生活条件要求不高,它们的生存能力特别强。虽然它们喜温暖湿润,但在半阴的地方长得也很好,正是因为它们这种"随遇而安"、"坚韧顽强"的品质,使它们受到了全世界人民的欢迎,被许多国家移植。

含羞草很受欢迎,还与它的"特长"有关。你一定猜到它的"特长"是什么了。对,它的特长就是害羞!当你的手指轻轻碰触含羞草

的时候,它的叶片就会像一个害羞的小姑娘一样,立刻紧闭下垂。含羞草不仅遭到人的手指抚摸的时候会含羞,就是一阵风轻轻吹过,这个害羞的小东西也会不好意思地闭合叶片,悄悄地低下脑袋呢!

含羞草害羞难道是因为它们性格内向,如此害羞?当然不是!含羞草之所以害羞,这和它叶子的结构有关。含羞草叶柄的底部和小叶的底部都含有一种比较膨大的部分,叫做叶枕。叶枕对外界的刺激反应非常敏感,一旦碰到了叶子,叶枕上半部里边儿的细胞液就会被排到细胞间隙内,这样一来,叶枕上半部受到的压力减小,而下半部受到的压力却不会发生变化,小叶片就会出现闭合现象,所以整个叶子就会垂下来。

含羞草除了非常害羞,它还能预测地震呢。含羞草对外界的触觉非常敏锐,在地震发生之前,它会突然萎缩,然后迅速枯萎。

酒不醉人，草醉人

酒能醉人这样的事情，并不奇怪，但是，你听说过草也能醉人吗？在非洲埃塞俄比亚的支利维那山区，就生长着一种叫做"醉人草"的植物。

醉人草为什么会有一个这么奇怪的名字呢？这与它的特异功能有关。

醉人草能散发出一种浓郁的香味，当人们闻到这种香味的时候，就会像是喝醉了一样，走起路来东倒西歪的。如果你想与它亲近，在它的身边坐上几分钟，你就会变得烂醉如泥，只怕是站都站不起来，更别说走路了。

醉人草怎么会有这么大的威力呢？原来秘密全都在它的叶子上呢！醉人草的叶子上长着一些白色的颗粒，颗粒上长着 4 个水眼，这些水眼中藏着宝贝呢！它们能分泌出一种白色的物质，其中含有非常浓烈的脑油，一旦它们挥发后，就会对人类的大脑产生强烈的刺激，让大脑变得迟钝和麻木。所以植物学家给这种植物命名为"醉人草"。

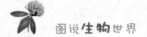

青苹果味的碰碰香

金庸小说《书剑恩仇录》里有位漂亮得像天仙的姑娘叫香香公主，她不但长得漂亮无比，还身带异香，迷倒了许多人，简直就是万人迷。在植物界中也存在着这样一种身带异香的"万人迷"，它的名字叫碰碰香。

碰碰香不像香香公主那么热情主动，它们的叶片只有在受到来自外界碰触的时候，才会发出香味。

碰碰香的香味虽然不会像香香公主一样，

青苹果味！

可以招引成群结队的漂亮蝴蝶，但是，它们甜中带涩的香味却像极了青苹果的味道，让人忍不住扑上去咬一口。

　　碰碰香为什么会发出青苹果的味道呢？这是因为当它的叶片受到外界刺激的时候，细胞内的水分就会发生作用，使叶枕的膨压发生变化。这种变化跟含羞草受到外界刺激的时候的变化很相像。不过碰碰香叶枕的变化跟含羞草不同，它的叶片不会收缩，而是会散发出一种带有苹果香味的物质。

最美的热唇草

在特立尼达和多巴哥以及哥斯达黎加的热带丛林中,生长着一种美丽的草,它们有一个美丽的名字——热唇草。为什么能够得到这样一个妖娆而美丽的名字呢?原来啊,它们的身上真的长着美丽的"双唇"。

热唇草小巧的花朵一般会生长在两片红艳的"嘴唇"中间,"嘴唇"的颜色很鲜艳,若是丛林中飘过雨水,热唇草的"嘴唇"会更加鲜艳、招摇,远远看去,真的很像是美丽女郎的嘴唇。当然,这只是一个比喻,热唇草的嘴唇实际上只是它们的"苞叶"。苞叶指的是生长在花朵下的一种变态叶,这种叶子一般比较小,而且通常是绿色的,热唇草的苞叶就比较特殊,不但是红色的,而且个头还不小。

苞叶就像是花朵的保镖,它们对花朵和果实有一种保护作用。而热唇草美丽的苞叶,与其说它们是保镖,还不如说它们是迎宾小姐。由于热唇草的花朵非常不起眼,小且不香,没有蜜糖,所以热唇草苞叶这些迎宾小姐的作用大着呢!它们鲜艳的色泽能够吸引蜜蜂等昆虫替热唇草授粉,招蜂引蝶这项技术活儿,全靠苞叶这些迎宾小姐呢!

会攻击人的草

小草在植物世界中存活也不容易，它们也像人类一样，要生存，就会遇上各种各样的困难。为了应对这些困难危险，许多小草也"修炼"出来能够自我保护的"秘密武器"。

喜马拉雅山上一种叫做眼镜蛇的小草，它完全是凭借自己的"长相"保全自己。"眼镜蛇"，草如其名，它的花长得非常像一种叫做眼镜蛇的毒蛇。正是因为"眼镜蛇"这种草，"粗横"的长相，许多想伤害它的敌人只能望而却步。

巧合的是，非洲沙漠中的"石头草"也是凭借"长相"来躲避敌人的伤害。"石头草"长得非常像沙滩上的一种寻常的小圆石，还非常有"心计"地生长在那些小圆石中间，借助于这种伪装，躲避了好多敌人的伤害。

"咬人草"则不像"眼镜蛇"和"石头草"胆小，它不会吓唬敌人，也不会伪装欺骗敌人，它们能在敌人进攻的时候，直接"咬"敌人。"咬人草"的真名叫做荨麻，它当然不是真的用嘴"咬"，而是在你伸手抓它的时候，尤其是逆手抓，或不小心撞上的时候，就会感到奇痛难忍。

虽然这个家伙很是厉害，但是还是深受当地牧民欢迎的。这是为什么呢？原来，荨麻能够解蛇毒。如果有人不小心被毒蛇咬到了，只要将荨麻捣碎了，再将汁水敷在蛇咬伤的伤口上，患者就能迅速脱离危险。

荨麻草会"咬人"已经够厉害了，在埃塞俄比亚北部的山地上，同样生长着一种非常厉害的山藤，名字叫做"伏兽草"。伏兽草的茎上生长着许多芒刺，这种芒刺身上能够产生一种黄色的液体。若是有动物来"打搅"伏兽草，伏兽草一生气，会将自己的汁液粘到动物身上，动物可有苦头吃了，它们的皮肉还会溃烂呢！

很多厉害的草好像在各地都能生存。西印度群岛上就生长着一种毒草，它们的毒性很大。如果动物不小心吃掉了这种草，它立马开始反扑，能让吃它的动物身上的皮毛全都脱掉，变成光秃秃的"裸体"动物呢！

会发光的草

电影《阿凡达》中的潘多拉星球上，生长着许多能闪闪发光的草，那么我们地球上也存在这种草吗？答案是肯定的。地球妈妈的怀抱中也生长着许多闪闪发光的草。

　　比如，有一种能够发出红光的草就生活在冈比亚西部的南斯朋考草原上，当地人给它起了一个非常贴切的名字——灯草。

　　灯草的叶子外边儿长了一层就像秋霜一样的物质，远远看去，就好像叶子外边儿涂上了一层银粉一样。因为这种像秋霜的物质的功效，每到夜间，灯草就会闪闪发光，一眼望去，就像是萤火虫，又像是一盏盏小小的"灯泡"。灯草发出的光芒很强，在它们大量生长的地方，能将周围照得通亮。

　　正是因为它这个神奇的功能，所以当地人将"灯草"搬到自己的家门口，在晚上的时候，让它们充当"路灯"呢！

除了灯草能够发光，位于南美洲西北部的哥伦比亚森林里，一块叫做"拉戈莫尔坎"的草地上面，长满了能够发光的草。

"拉戈莫尔坎"还是个方言，在哥伦比亚尼赛人的语境里是"放光的草"或"光明的草"的意思。

这种称做"放光的草"的小草长得一般细小，而且非常匀称、苗条，草叶的颜色鲜嫩、漂亮。到了晚上，这块漂亮的草地就会散发出一片柔和的光芒，周围的景色就好像是被天上的月亮照射了一样。

起初，在尼赛人眼里看来，这种会发光的草被视为是神赐予的，而小草发出的光芒也被看作是"神光"。

那么，"拉戈莫尔坎"的草能够发光，是不是跟灯草的发光原理相同呢？

为了弄清楚它们的发光原理，科学家经过研究发现，这种草之所以能发光，是因为它们的体内能够生产出一种叫做"绿荧素"的荧光素。荧光素能够帮助小草在黑暗的夜里，散发出迷人的光芒。

"拉戈莫尔坎"的草，所散发的光芒的确很神奇，这种草被割下来，晾晒干了，在很长一段时间内，依然能够在夜色里散发光芒。

结缕草：看来明天要下雨了！

小草气象员

植物界中"能草辈出"，各有神通。其中有几种草能够预报天气，堪称大自然界里的"气象员"。

比如说，当结缕草的身上长毛的时候，或身上冒出水沫的时候，就表示天气要变了，说不定明天就会下起倾盆大雨来。

除了结缕草，含羞草也能预报天气。当人的手碰含羞草的时候，如果它的叶子能够很快收缩下垂，同时经过很长时间才能回到原来的位置，这就说明天气很干燥，在一段时间内，天气将继续保持晴朗的状态；反之，如果含羞草被碰到，很快就恢复到原来的位置，这就说明，天气就要下雨了。

其实，小草不但能够预报天气，还能测温度呢！

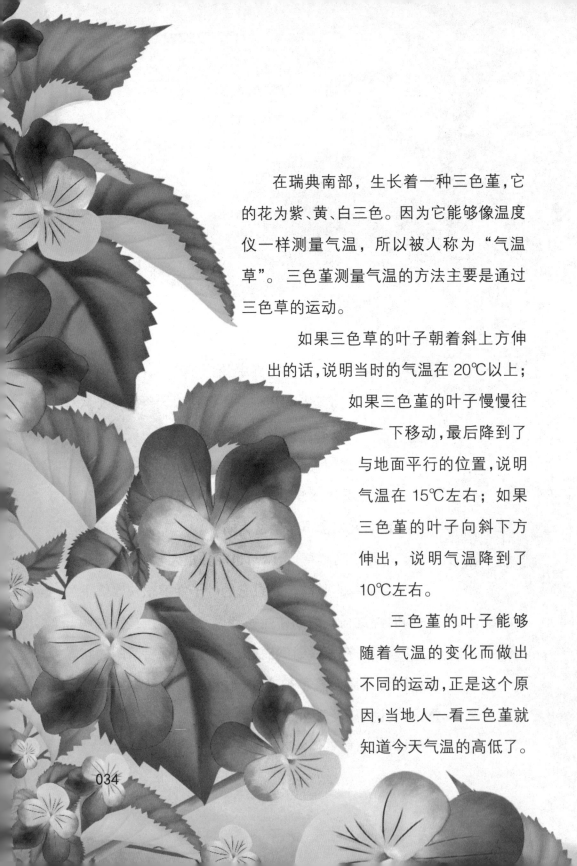

在瑞典南部，生长着一种三色堇，它的花为紫、黄、白三色。因为它能够像温度仪一样测量气温，所以被人称为"气温草"。三色堇测量气温的方法主要是通过三色草的运动。

如果三色草的叶子朝着斜上方伸出的话，说明当时的气温在 20℃以上；如果三色堇的叶子慢慢往下移动，最后降到了与地面平行的位置，说明气温在 15℃左右；如果三色堇的叶子向斜下方伸出，说明气温降到了 10℃左右。

三色堇的叶子能够随着气温的变化而做出不同的运动，正是这个原因，当地人一看三色堇就知道今天气温的高低了。

王莲是个大力士

你见过莲花吗？当你听到这样的问题的时候，肯定会不以为然地说："当然见过！"

的确，莲花非常常见，或许你们学校后边儿的小池塘里就有一池子呢！但是，你见过可以承受住 30 千克左右的重量的莲花叶子吗？即便你将一麻袋的大米扔在上面，它也不会沉下去，照样优哉游哉地漂浮在水面上！

在南美洲的热带水域生长着一种叫做王莲的植物，它的叶子就有这么牛气。

王莲是水生有花植物中叶片最大的一种。叶子的直径能够达到 3 米，这个尺度的叶子矗立在水面上，远远看上去，像极了一个大磨盘。正是因为它的叶面这么大，才能让王莲承担起"一袋大米"的重量成为可能。

这是什么道理呢？因为叶子越大，叶面能够提供的浮力就越大，叶面上的物体自然不容易掉下去。另外，王莲能够负担得起这么重的物体，仅仅依靠叶子大的这个特性，是很难办到的，难道它的叶面

里还有什么大秘密？这和王莲的粗大叶脉是分不开的。在王莲粗大的叶脉里有很多的横隔，而横隔可以将叶子内部分割成许多小气室，而这些小气室可以在水中产生很大的浮力，也是王莲能够产生出奇大浮力的一个关键原因。

花花世界

关键词：臭菘、融雪杜鹃、木菊花、蛇麻花、报时花、菖蒲莲、玉莲花、飞廉花、看林人、太阳花、雪莲、夜皇后、向日葵、报警花、飞刀花、普雅花、嘉兰、蒟蒻

导　读：在"花花世界"里，不单单介绍其种类属性，还将带你领略一番许多拥有神奇技能的花朵，它们的技能也许会让你感到惊讶、诧异，但也会让你兴奋不已。

臭花也吃香

　　臭菘,是一种花,花如其名,奇臭无比。它的家在南美洲中部的沼泽地里,在我国黑龙江地区的沼泽地里也能找到它的身影。

　　臭菘不但有臭味,而且全身都有毒,牛马都不喜欢它,如果它的根、种子或花被误食了,就会引起恶心、呕吐、头痛、眩晕和视力模糊等症状。

　　臭菘又臭又有毒,听起来好像一无是处,肯定会人见人厌!但是,你知道吗?臭菘在蝴蝶等小昆虫的眼里可

是个宝贝，它们最喜欢臭菘了，因为臭菘的花儿非常热情和温暖。

臭菘的花朵能在寒冷的冬季，还始终保持着 22℃ 的温度，这个温度约莫比周围的气温要高上 20℃，它的存在就好像冬天的一个大暖房。正是因为这个原因，臭菘的花朵虽然散发着臭烘烘的味道，但还是能够吸引着昆虫飞过去，扑进它的怀中。

臭菘的花为什么会不受外界环境的影响，在严冬还保持着夏天一样的温暖呢？经研究发现，臭菘花朵中有许多产热细胞，这里面有一种酶，能氧化光合产物——葡萄糖和淀粉，从而释放出大量热量。

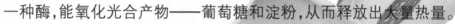

花儿的热情

俄罗斯的白令海峡海岸上生长着一种名字叫做"融雪杜鹃"的花朵,融雪杜鹃之所以以"奇"出名,是因为这种花朵非常"热情",它们不但能够在遍地积雪中怒放,而且在它们怒放的时候,会使它们周围的积雪融化呢!正是因为它有这种绝技,才得名"融雪杜鹃"。

融雪杜鹃为什么会那么热呢?植物学家们经过仔细研究发现,融雪杜鹃本身并没有热能放出,不过它们非常擅长吸收太阳能,并能立刻将太阳能转化为热能,然后将周围的冰雪给融化掉了。用通俗一点的话来说就是融雪杜鹃其实是从太阳那里"偷"来了能量,然后通过自己的"加工",释放出了热量,融化了冰雪。

酒有香味，花同样也有香味，而且古时候的人，喜欢将酒香跟花香联系起来，认为花香就可以让人"喝醉"了。用酒香形容花香，这只是一个比喻，不能当真。但是，你知道吗？这个世界上还真存在着像"美酒"一样醉人的花朵呢！

这种花朵主要生长在坦桑尼亚的山野中，它叫木菊花。木菊花有一个奇特的名字叫做醉花。醉花的花瓣味道香甜，不管是动物还是人，只要闻上一闻，头脑立马就会变得昏昏沉沉；如果你要是因为好奇，或是贪吃，摘下它的一片叶子，放进嘴里嚼动，用不了多久，你就会晕倒在地。

正是因为醉花具有这个特点，所以当地人认为木菊花具有强烈的催眠效果。据说，被催眠过后的人，睡到一定时辰后，会自然苏醒。这样一说，木菊花的功效比药店里卖的安眠药好用多了！

花儿也能当钟表用

常言道,艺多不压身,所以人类总要学会一两项技艺的。其实,也不仅仅是人类,就是植物界中的花花草草,在地球上生存,也有一两项技艺的。

花花草草的技艺也很神奇,就有这样几种花,居然能当钟表使用,看到它们什么时候开花了,就知道具体时间了。

　　蛇麻花老是"睡不着觉"，早上 3 点钟，公鸡还没"起床"呢，它就忙不迭地开始醒来，并开出它的花朵。牵牛花，是一种比较"勤劳"的植物，它们早上起床很早，一般在凌晨 4 点钟到 5 点钟开花；蔷薇花也是个"不睡懒觉的好孩子"，一般在早上 5 点钟"起床"；蒲公英跟我们人类的生物钟最像了，它们一般是早上 7 点钟"起床"开花；太阳花是爱睡懒觉的家伙，总是等到太阳公公晒到屁股了，还是不肯起床，一直等到中午 12 点钟，它们才懒洋洋地伸伸懒腰，然后慢吞吞地开始开花……

有很多植物在特定时间点开花,这已经够神奇了。但是,你知道吗? 在植物界中还生存着一种花,它的花朵,如果颜色不同了,就会在不同的时间点开放,因为它的这个神奇的本领,当地人亲切地称它们为"报时花"。报时花主要生长在我国青海湖畔和新疆玛纳斯草原,它有很多颜色。淡黄色的花一般在早上 8 点钟开放,橙红色的花会在中午开放,灰色的花则会在下午 6 点钟开放。

花儿也能预报天气

花儿能够报时已经很牛了,但更牛的还在后面呢,植物界中还有许多能够预报天气的花呢!它们非常敏感、非常"聪明",有时候预报的天气比气象台的天气预报还要准呢!

菖蒲莲和玉莲花,是两种"善解天意"的花朵,每当天气发起"坏脾气",将要刮大风、下大雨的时候,它们就会争先恐后地绽放出美丽的花朵,"安抚"坏天气;居住在北方的鬼子姜,则是一种"冷酷"的花,它们喜欢跟"冷天气"交朋友,每次它们开花过后10天左右,天气就会出现初霜;白玉兰则是风雨的好哥们儿,只要它们开花了,这一周内,往往会有风有雨。

上面提过的几种花虽然能够预报天气,很厉害,但它们预报天气主要是在还活着的时候;法国有一种叫做飞廉花的花朵,更厉害了,它们即使被晒干了,也能预报天气。这是怎么回事儿呢?原来,飞廉花对空气湿度非常敏感,当它们的花瓣向外打开的时候,表示第二天将会迎来一个晴天,如果它的花瓣闭合在一起,预示第二天就是阴天。

玩忽职守的花朵

中国有句老话，说的是"在其位，谋其政"。它的意思也就是你要是担当什么样的职位了，就要干什么样的工作。

在植物界中，存在着一种不会"在其位，谋其政"的植物，它们最喜欢干的事情就是"玩忽职守"。它的名字就叫"看林人"。"看林人"是一种杜鹃树，它主要生长在南亚、南美洲等森林里。

人们给它起"看林人"的名字，明明是想让它好好保护大森林的，可是这些花却好，不但不保护大森林，反而成了大森林的"纵火犯"，经常会制造火灾。

"看林人"为什么老是充当森林的"纵火犯"？原来，"看林人"的花朵和茎叶内包含着一种挥发性的物质，这种物质是一种非常容易引起火灾的挥发性芳香油脂。当森林中的空气变得干燥的时候，它们就会自燃，芳香油脂一旦烧起来，就会将别的树木也烧起来，造成火灾，充当起大森林的"纵火犯"。

由此可见，"看林人"不单单是一个"玩忽职守"的家伙，还是一个"损人不利己的大笨蛋"，燃烧了别人，也燃烧了自己。

见到阳光就开花

有一种花，它只有在太阳的照射下才会绽放五彩斑斓的花朵，反之在早晨、傍晚以及阴雨天气时，它的花朵会选择闭合。这种因阳光照射才开放的花儿就叫太阳花。

太阳花，别名又叫午时花、半支莲、松叶牡丹、大花马齿苋等，是马齿苋科马齿苋属的一种多年生草本植物。高通常 15～50 厘米，根为直根，较粗壮，少分枝。茎多数仰卧或蔓生，有节，密被柔毛。叶互生或散生、肉质，呈圆柱形。其花 1～3 朵簇生茎顶，花色繁多，计有白色、黄色、红色、紫色等，花期为 6 月至 8 月间。

太阳花主要生长在俄罗斯、日本、蒙古、哈萨克斯坦、阿富汗等国。我国的太阳花主要分布在长江流域以北的华北、东北、西北、四川西北以及西藏等地区。

太阳花还一项极其顽强的生存本领，它极度耐旱、耐贫瘠。即使在干旱、贫瘠的沙质土壤里，依然能够茁壮成长。因此，在山坡、农田边、沙质河滩等，都能看见太阳花的踪迹。值得一提的是，太阳花反倒非常害怕阴暗潮湿的土壤，在这样的环境中，它会生长不良。

雪莲不是传说

　　大家都听说过，白雪皑皑的雪山上有一种神奇的花，叫雪莲。据说它不仅美丽，还能解百毒。其实，这并非只是传说。

　　雪莲属于菊科凤毛菊属雪莲亚属的多年生草本植物。它主要生活在海拔 4800～5800 米的高山流石坡以及雪线附近的碎石间，它大部分产于我国的青藏高原地区。

　　雪莲还有一个名字，叫雪兔子。它们是一群不怕冷的"兔子"，主要生长在海拔 5000 米以上的高山上。

　　它酷爱白色，茎、叶上都密密麻麻地生长着白色的绵毛，这种绵毛毛茸茸的，远远看上去，就像贵妇人们穿的毛皮大衣一样。雪莲身上棉毛的功效也跟皮衣差不多，它不但防寒保暖，还能防止紫外线的剧烈照射呢。

　　这是什么原因呢？原来，长着绵毛的叶子交相呼应，形成了无数的"小室"，室中的气体没有办法同外界交换，白天阳光直射在雪莲花叶子上的时候，它比周围吸取的热量要大许多，到了晚上，它的温度又降低得很慢，这样就保证了雪莲花能够在寒冷的雪山上正常地生存、生长。

　　此外，长在雪莲茎顶端的头状花序，常常被两片长满绵毛的叶片包裹起来，起到保温、御寒的功效，这样就能保证雪莲在极度寒冷的高山环境下繁衍后代。

会发光的夜皇后

古时候人类社会,有皇帝、妃子、皇后。其实,花朵的世界中也有皇帝、妃子、皇后。牡丹被人称为"花中之王",芍药被称为"花中贵妃",月季被称为"花中皇后",这已经是众所周知的事情。

但是,你知道吗?除了皇帝、贵妃、皇后,花朵的世界中还存在着"夜皇后"呢!

"夜皇后"的老家在古巴,那里是大名鼎鼎的加勒比海盗的故乡。"夜皇后"为什么会获得这样一个奇特的名字呢?一方面是因为"夜皇后"的花朵以紫红色为主,看起来非常高贵,诚如法国著名作家大仲马所言"艳丽得让人睁不开眼,完美得让人透不过气来";另一方面则是因为这种花到了晚上,就会闪闪发光,远远看去,就好像有许多萤火虫在花朵上舞蹈,漂亮极了。

另外,这种花对黑夜情有独钟,一旦黑夜过去了,"夜皇后"的花朵就好像是完成了使命一样,很快凋谢。

"夜皇后"为什么会闪闪发光呢?这是因为它的花瓣和花蕊里,含有大量的磷粉,磷粉只要跟空气发生接触就会闪闪发光。如果再遇上海风了，磷光就会变得一明一暗，看起来还真像萤火虫。

　　"夜皇后"的光芒不是光看着漂亮，它还有大作用呢，它能够吸引昆虫的注意力，昆虫则帮助"夜皇后"传播花粉，繁衍其后代。

向日葵的秘密

　　向日葵是太阳最忠心的卫士,它们不管任何时候,总是用最"诚挚的姿态"追随着太阳。

　　早上,太阳刚刚升起的时候,它们微微仰着头,对太阳笑脸相迎。等到中午,太阳高高升起的时候,它又会高昂起头,仰面对着太阳微笑。等到傍晚,夕阳西下的时候,它的头又会转移到太阳落下的方向。太阳到底有什么魅力让向日葵这么忠心呢? 很久之前就有科学家对于这种现象非常感兴趣,进行了研究。最初,科学家们认为向日葵能够随着太阳运转,是因为植物体内的激素对于光比较敏感,但经过反复试验,这种推测并不正确。向日葵之所以会随着太阳运动,主要是因为受到太阳的"热度"的影响。

　　在葵花的大花盘四周,生长着一圈儿金黄色的舌头形的小花。这种小花含有丰富的纤维,当受到阳光照射后温度升高了,大花盘周围的纤维会发生收缩。纤维一收缩,花盘就能主动运转方向来迎合太阳。

055

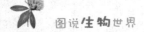

会预报不祥之兆的花

花儿本领很多,它们能报时,当钟表用;能预报天气,当预报员用。对了! 它们还能报警呢! 报警? 报什么警? 报火警!

在印度尼西亚爪哇岛部分地区,生长着一种稀奇古怪的花。这种花朵有一个癖好,每当有大火山即将爆发的时候,它在山顶上就会"招摇"地怒放。正因为它们有这个习惯,当地居民只要看到它们开花了,就知道火山即将要爆发了。这个时候,他们就会做好准备,远离火山,躲避危险。

因为这种花间接地保护了当地居民的安全,所以当地人送给它一个可爱的名字——报警花。不过因为每当报警花出现的时候,都代表着即将会有地震到来,所以有人也称它为"不祥之花"。

性格暴烈的飞刀花

　　花儿在我们的印象中,总是娇柔、美丽、轻盈的。但是,你知道吗? 其实花儿的世界中,也有野蛮、厉害、张狂的花朵。比如说,飞刀花。飞刀花,一听就是一种厉害的花,据说能够伤害鸟兽。这种花主要分布在秘鲁索千米拉斯山上。

　　"飞刀花"到底是何方神圣? 能够这么厉害? 难道它们长得很高大、强壮? 才不是这样呢! 其实"飞刀花"的花株长得非常矮小,身高还不到半米。这么一个小个子,怎么就那么厉害呢? 原来,"飞刀花"的秘密全都在它的花瓣上呢。"飞刀花"个子虽小,但它们的花朵盛开的时候,差不多有脸盆那么大呢。每朵花上面有 5 个花瓣,花瓣的边缘呢,长着一圈圈尖利的刺。如果要是有人碰到了"飞刀花",即使是不小心碰到,它的花瓣也会立刻弹跳起来,速度还很猛烈,简直就是一把"小刀"。

　　如果不小心被"飞刀花"的花瓣刺到,轻的话会出血,重的话,说不定肌肤还会被划出"刀痕"。要是"飞刀花"不小心碰到了人的脸上,那这个人就要小心了,说不定还会被"毁容"哦!

百年等一花

在南美洲安第斯山山脉上，生长着一位"娇客"——普雅花。这个"娇客"就像古时候的大家闺秀，非要"千呼万唤"，才肯"羞羞答答"地露脸。为什么要这样说呢？告诉你吧，普雅花每 100 年才开一次花，花期只有两个月，开完花之后，整个花株都会枯死。

普雅花花期短，开花需要等很长时间，个子却很高。它的花穗能长到 10 米左右，这个高度大概有 3～4 层楼那么高，远远看去，它们就像宝塔一样。

1867 年，旅行家安东尼奥·雷蒙达在安第斯山徒步探险时，曾首次发现普雅花开花，它开花的时候，景象非常壮观。每个花穗差不多有上万朵花，空气中就会飘过一股股浓郁的香气，这种香气估计能赶得上香精的味道了。为了纪念安东尼奥·雷蒙达，后人也称此花为"雷蒙达花"。

至于普雅花为什么 100 年才开花一次？生物学家预测，应该是跟当地的气候和环境有关，不过，人们更愿意相信，普雅花是因为"坚强"、"执著"，才要等 100 年才开花一次。

059

会变脸的花

在植物界中有很多花也喜欢"变脸"术。花朵的变脸其实就是改变花朵的颜色。其中津巴布韦的国花——嘉兰，就是一种变脸花。

嘉兰长得非常美丽，造型很奇特，远远看去，就好像是一丛熊熊燃烧的火焰。不过这火焰不是天生的，它是依靠"变脸"得到的。嘉兰初开花时，花瓣呈绿色，并且翻转成龙爪形。等到第二天，绿色花瓣开始"变脸"，中间会变成黄色，花瓣的顶端会变成鲜红色，花瓣周围还镶嵌着金边。3天后，这位"花姑娘"又开始"不甘寂寞"地变脸了，它的花颈部、中部分别会变成金黄、橙红直到鲜红。

变色花为什么喜欢不停地"变脸"呢？有人是这样解释的：花的颜色主要取决于花朵内的色素。比如说，如果花朵的花瓣里含有的是花青素，花朵就会变成红色的；如果花瓣里含有胡萝卜素，花朵则会变成黄色的；如果花朵里只有气泡，不含色素，花朵则会是白色的。至于花朵为什么会变色，一方面是因为花朵内的色素会随着温度、酸碱度等的变化而变化；另一方面，则与土质、花是否受精等方面的原因有关。

061

世界最高的花

在植物界有小个的植物,也有大个的植物;有小的花,也有大的花。那么,最大的花是什么呢? 它就是"蒟蒻"。

告诉你吧,蒟蒻是它的学名,说蒟蒻你可能非常陌生,不过,它还有小名,叫"魔芋",或许你听到"魔芋"就熟悉多了。

这种蒟蒻花,不是我们常见的那种,而单指产于印度尼西亚热带雨林中的蒟蒻。

这种产于印度尼西亚的蒟蒻花比一般的成年人还要高,一般成年人站在花朵下,是看不到花尖的。它的花朵直径部分通常情况下超过 2 米。蒟蒻花,它的长相也很奇特,它的花苞成"漏斗"形,花苞外部呈黄绿色,而靠近花苞上缘外翻部分又是红紫色或紫褐色。而其"一柱擎天"的花柱呈草黄色。整个蒟蒻花的外观看起来就像一个烛台。最有趣的是,在蒟蒻花的花柱低端与花苞结合处则藏有无数的小雌花和小雄花。可谓是大花中有小花。

因此,无论从花形、花色或是结构来说,印度尼西亚的蒟蒻花都堪称"花花世界"里的巨无霸。

树木江湖

关键词：西非竹竽、箭毒木、棕榈树、篷尹迪卡萨里尼特树、马德道其菜树、西谷椰子、波巴布树、索维尔拉树、调味树、树皮衣服、普当树、眼睛树、发电树、麒麟血藤、龙血树、胭脂树、紫薇树

导　读：在木本植物世界里，一些树木充满着传奇色彩，在这个传奇世界里，有令人甜到喜出望外的树木，也有使人能够中毒的树木；有会"喂奶"的树木，也有味道鲜美的"调味树"……

比糖更甜的植物

　　许多人都喜欢吃糖，因为糖的甜度，让人感觉爽口好吃，即使牙齿被虫蛀了，也会忍不住一而再、再而三地吃糖。没办法，谁让糖那么甜呢？

　　糖真的很甜，但是你知道吗？这个世界上存在比糖更甜的东西，它就是糖精。据科学家检测，糖精的甜度是食用糖的 300~500 倍！糖精已经够甜了，可是你知道吗？在植物界中，存在着一种比糖精更甜的植物——西非竹竽。

　　在西非的热带森林里居住的西非竹竽，它果实的甜度差不多是食用糖的 3 万倍！3 万倍已经够厉害了，但是你知道吗？非洲的一种叫做薯蓣叶防己的植物，它的果实要比食用糖甜上 9 万倍哩！比糖还要甜上 9 万倍？有人就会疑惑了，这种甜度的东西放到嘴里，能吃吗？还不腻死！告诉你吧，才不是哩，这种果实虽然非常甜，但是不腻人，而且非常美味，吃完之后的很长一段时间内，你都能品出甜味。正因为这个原因，当地人给这种果实起了一个名副其实的名字——喜出望外。

"见血封喉"的树木

很久很久以前,手枪、大炮、火箭还没被发明出来,就连冷兵器还只存在于传说中,在爪哇岛掀起了一场战争,这场战争中有人胜,有人败,败的人成了俘虏。爪哇岛有个酋长就用涂有一种树乳汁的针,刺入了一个俘虏的胸膛,没过一会儿,这个俘虏因为窒息而死亡。这个事件后,这种树就闻名全世界了。它的名字叫做箭毒木,我国给这种树木起了一个富有特色的名字——见血封喉,用来形容它毒性的猛烈。说它"见血封喉"并不是它的汁液是红色的,相反,它的汁液洁白无比。

箭毒木汁液的毒性到底达到了什么程度呢?它足以使人的心脏立刻停止跳动,眼睛失明,它的毒性已经被证明大于有剧毒的巴豆和苦杏仁,估计跟武侠小说中经常出现的"鹤顶红"有一拼,正因为这个原因,箭毒木被认为是世界上最毒的树木。

箭毒木的产地主要是东南亚和我国云南省、海南省等地,所以人们去这些地方旅游,一定注意不要伤害树木,也不要随便去碰树,说不定那棵树正是箭毒木。

尽管箭毒木有毒，但它也有优点。因为它的树皮很厚，含有丰富的细长且柔韧的纤维，常常被居住在西双版纳的少数民族同胞拿来制作成含有浓厚民族风情的筒裙等服饰。这样会有人问了，既然碰着箭毒木汁液说不定就会中毒死亡，还如何制成服装穿呢？原来，当地居民先把树皮取下来，放进清水中浸泡一个月左右，然后再用清水冲洗干净，其中的毒性就消失了，从而得到一块轻盈、洁白的纤维层，就可以用它制作成一件件漂亮的服饰。

除了箭毒木外，生长在印度尼西亚南部地区的海檬树也是出了名的毒树。这种树结的果子带有剧毒，当地人常用它来自杀，因为这个原因，这种树木被叫做"自杀树"。

把海檬树称为"自杀树"其实不够确切，植物界中名副其实的"自杀树"还另有其树。生长在毛里求斯岛上的一种棕榈树，它能长到100多岁，等它"感觉"到自己时日无多的时候，就会用整整一天的时间，将身上残留的树叶和花朵全都飘落，然后自己干枯而死。

除了这种棕榈树外，植物界中还有其他或喜欢"玩自杀"的树木。比如，在非洲赤道附近生长着的一种奇怪的树。不过这种树的自杀方式可不是"老死"，而是自焚而死，所以它被当地人称为"自焚树"。"自焚树"想"自杀"的话，在太阳光的照射下，一株大树可以在一个小时内就化为一片灰烬。

会喂奶的树妈妈

《大话西游》中唐僧有句经典台词："人是人他妈生的，妖是妖他妈生的。"在植物界可以把它延伸为"树是树它妈生的"。

人类宝宝在不会吃饭的时候，妈妈会给宝宝们喂奶，这种现象在动物界里很普遍。但是，你知道吗？在植物界里其实也存在这种现象的。

在非洲的摩洛哥西部的平原上，生长着一种叫做"篷尹迪卡萨里尼特"的树木。这种树木在植物界非常奇特，它能够像人类妈妈一样给自己的树宝宝"喂奶"，正是因为它具有这项特异功能，所以它又被人类称为"奶树"。

"篷尹迪卡萨里尼特"在当地语言中的意思是"善良的母亲"。它的树身呈赤褐色，树木能够长到 3 米多高。能够开出一种细蕊似的白色花球，看起来非常美丽，当花凋谢的时候，花球的蒂托处就会结出一个椭圆形的奶苞，奶苞的顶头上长着一条长长的奶管。当奶苞长大，变得"丰满"之后，奶管里就会涌出一种黄色的"乳汁"。

这些乳汁是喂养谁的呢？

原来，在成年树周围的根部萌生出许多幼苗，它们是"篷尹迪卡萨里尼特"树妈妈的宝宝，那些黄色的乳汁就是供给它们的。

　　树木的幼苗不像人类的宝宝张着嘴，它们只能通过它们的树叶接着妈妈的奶管里流出来的奶汁，然后输送给幼苗内的组织。就像人类宝宝可以长大一样，靠着"树妈妈"奶汁生存的树木幼苗也能长大，当它们长到一定高度的时候，大树妈妈就会主动从根部发生裂变与小树分离，使它们获得独立生长的空间，树宝宝们从这时开始真正地长大。

　　与此同时，树妈妈为了给树宝宝们提供更多的光照机会，使小树更快地成长，它们的树冠开始逐渐凋零。等到小奶树长成大奶树之后，它们会向"树妈妈"一样，担负起哺育下一代的任务，使新的树宝宝茁壮地成长，就这样一代一代繁衍下去。由此看来，"篷尹迪卡萨里尼特"树是当之无愧的"善良的母亲"。

　　其实，除了"篷尹迪卡萨里尼特"树外，植物界中还生活着其他能够"产奶"的树妈妈。比如生长在希腊吉姆斯森林里的一种叫"马德道其莱"的树。

　　"马德道其莱"树可谓其貌不扬，树身并不高大，而且还粗糙不平，但是，它浑身上下却长满了绿色的"奶包"。这种"奶包"可以自然分泌出一种细腻的奶水。

不过，"马德道其莱"树与"篷尹迪卡萨里尼特"树这两个树妈妈有大不同呢！

"篷尹迪卡萨里尼特"树的奶水主要喂养给它自己的小娃娃，而"马德道其莱"树的"奶水"，却喂给了羊羔宝宝。牧羊人如果将出生不久的羊羔放到树下的话，羊羔宝宝就像在羊妈妈身上"喝奶"一样，扑到"马德道其莱"树身上吮吸"奶水"。

因此，"马德道其莱"树还被称为"羊奶树"。

树木也能产粮食

在菲律宾、马来西亚等国家的岛屿上长着一种会长出大米的树木。它的名字叫做西谷椰子。西谷椰子是个大个子,它们一般能长到20米高,这个高度差不多是7~8层楼的高度。树木不是生来就有花有果的,一般都要经过修炼,桃树修炼3年就能开花结果,杏树修炼4年,苹果树修炼7~8年,而西谷椰子呢,差不多要修炼20年才能开花。西谷椰子开花数十年难见一回,当地人还要在西谷椰子开花之前,将它们砍倒在地。这是为什么呢?因为西谷椰子的树干内含有丰富的淀粉,当地人要将它茎内的淀粉挖出来之后,放在水中浸泡、搓洗并且充分搅拌,最后沉淀的淀粉干燥后,经过加工就会生产出洁白圆润的"西谷米"。西谷米营养很高,且口味独特,不怕虫蛀。

北非苏丹大草原上,生长着一种波巴布树,它还有一个名字,叫做猴面包树,之所以叫这个名字,是因为它的果子是猴子的最爱。猴面包树的树干很粗壮,差不多40个成年人手拉手才能将它抱住。它看起来像一个有将军肚的大胖子,正是因为这个原因,当地人又把它称做"大胖子树"、"树种之象"。猴面包树的果实非常大,单个的果子差不多有一个足球那么大。果实的外壳可以当做瓢来用,而肉质能够生吃,液汁能直接饮用。猴面包树全身上下都是宝,据说,在非洲历史上大饥荒时期,这种树曾经拯救了成千上万饥民的性命。

　　猴面包树的名字里虽然与"面包"沾亲带故,但它的味道其实并不是很像面包。在马来西亚以及波利尼西亚地区生长着的一种叫做罗蜜树的树木就不一样了,它的果实里面含有丰富的淀粉,风味像极了面包,正是因为这才得名"面包树"。

　　面包都有了,牛奶还会远吗?植物界的树木不但能够生产面包,还能生产牛奶。在南美厄瓜多尔等地,有一种叫做"索维尔拉"的树木。它的树皮非常滑润,如果调皮的小孩儿拿着刀子将树皮切开一点儿,就会流出一股又浓又白的液汁,这种液汁混合着水,用火煮沸之后,颜色和口味都像极了牛奶,喷香可口。

味道鲜美的调味树

树上能长出树叶、花朵或果子,这都是很正常的,但是你听说过树上能够长出味精吗?

我国云南省贡山的青拉筒山寨中,生长着一棵高达 20 多米的大树,如果妈妈们正在做菜,只要摘掉它的一片树叶或刮下它身上的一块皮放进锅内,菜肴就会非常鲜美,这种功效,跟日常调料——味精的功效非常相像,所以人们把这棵树叫作"味精树"。

植物界除了有味精树这个怪胎外,还有糖树、盐树、醋树。对了,还有酒树呢!

糖树的老家在柬埔寨,它的全名是糖棕树,它的花朵中含有丰富的甜汁,含糖率很高。

除了糖棕树能够产糖外,糖槭树也能产出甜甜的糖。不过糖槭树的老家是在美洲,后来很多糖槭树都移居到了加拿大。

糖槭树是世界三大糖料木本植物之一,它的液体炼成的糖,又被称为"枫糖",枫糖的营养价值很高,甚至可以和蜜糖相比。

醋树是我国土生土长的一种植物。它主要分布在我国的西北和

会产糖的
糖槭树

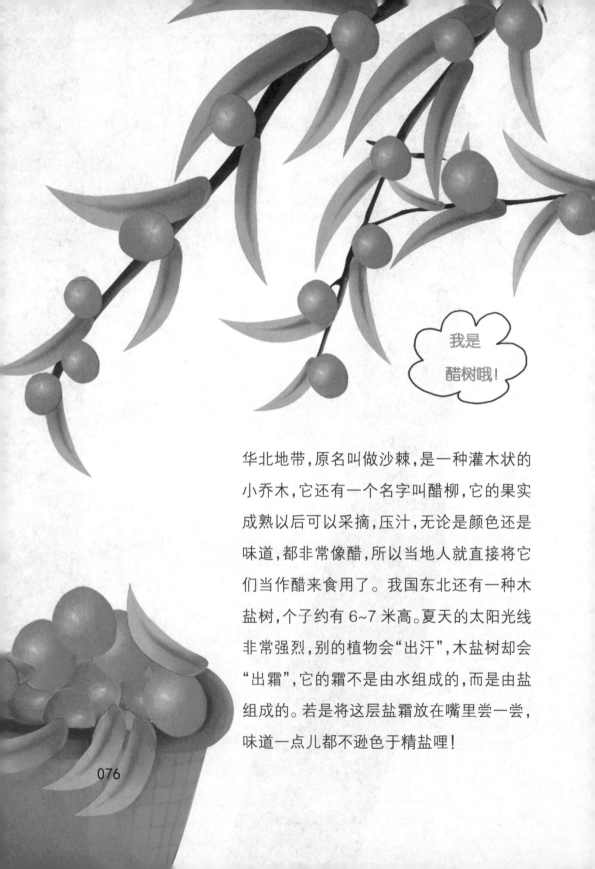

我是
醋树哦!

华北地带,原名叫做沙棘,是一种灌木状的小乔木,它还有一个名字叫醋柳,它的果实成熟以后可以采摘,压汁,无论是颜色还是味道,都非常像醋,所以当地人就直接将它们当作醋来食用了。我国东北还有一种木盐树,个子约有 6~7 米高。夏天的太阳光线非常强烈,别的植物会"出汗",木盐树却会"出霜",它的霜不是由水组成的,而是由盐组成的。若是将这层盐霜放在嘴里尝一尝,味道一点儿都不逊色于精盐哩!

津巴布韦的恰西河旁边，生长着一种能分泌出酒精香味的树木，这种树木深受当地人的喜欢，他们将这种树看作是天赐的美酒。世界上能够酿出美酒的植物可不仅仅只有津巴布韦的树木呢！在坦桑尼亚就生长着一种能够酿出美酒的毛竹，因为它的这个特长，当地人将这种毛竹命名为"酒竹"。酒竹酿出的美酒只有 30 度，味道非常甘醇，不但当地的人们喜欢这种味道，而且就连过路的动物也很喜欢。某些动物将酒竹的汁液当作可以解渴的液体，不小心喝下去之后，头脑就会变得晕晕乎乎，走路歪歪斜斜。你若是正好经过那里，说不定就会看到一直喝醉酒的小猪，当然也有可能是小狗呢！

酒竹：
能醉人的哦！

舒服的树皮衣服

有句老话说："大树下面好乘凉"。大树不但给我们提供了绿荫，还提供了果实，供我们食用；提供了绿叶和花朵，让我们观赏；提供了木材，让我们使用……可是你知道吗？有些大树还能够给我们提供衣服呢！

在美洲西部的巴西地区，就生长着这样一种能够给人们提供衣服的树木。因为它们的树皮可以被制成衣服，所以当地人给它起了一个名字——衬衣树。衬衣树的树皮可以被人们完整地剥下来，并保持着树木原本的圆柱形状。如果将树皮放到水里，给它们"洗洗澡"，再捞出来，只要用棍子稍微捶打几下，晾干后，它们就会像布匹一样柔软。这样一来，晒干后，用针线一缝，就是一件天然的衬衣。别小看这种衬衣是树皮做的，穿起来非常舒适呢！

植物界中的"能工巧匠"实在是太多，不但有"衬衣树"，还有"裙子树"、"鞋子树"呢！

裙子树生长在非洲，它的叶子长在一条条紫褐色的叶茎上，远远看去非常像连接起来的布条。因为裙子树的枝条非常坚硬，不会轻易被折断，所以当地人将它当做裙子穿。这种裙子也很有"本领"，人们穿上它之后，不但非常凉快，而且还可以防止毒虫咬噬呢！

鞋树，生长在利比亚。鞋树，顾名思义，人们可以用它的叶子来制作鞋子！制作鞋子的过程还十分简单。因为，鞋树的叶子上本来就生长着一块方形的硬底板，这种底板的周围又生长着一片青叶。人们只要把叶子摘下来，在底板边缘和叶子交界处缝上几针，就做成了天然的鞋。当地的人们在下雨天非常喜欢穿这种鞋子。

拿回家，做裙子。

会洗衣服的洗衣树

前面讲过能够做衣服的树，衣服脏了就要洗，如果没有洗衣粉,这个时候我们该怎么办呢?不要担心,只要去求助一种叫普当的树,就能将我们的衣服洗得干干净净。

普当树的老家居住在阿尔及利亚,这种树木的树干非常高大，看起来就好像是一个男子汉,而这个男子汉却可以帮助我们洗衣服。

它的洗衣原理是这样的:普当树的树皮上有许多小孔,这种小孔里能够分泌出一种黄色的汁液,这种汁液就是上好的洗衣粉、洗涤剂,只要滴到衣服上搓一搓，衣服就能变得干干净净的了。当地人请普当树帮助洗衣服的方法也非常有意思,通常衣服脏了,他们会用绳子将脏衣服捆在普当树上,几个小时后,将脏衣服"请下来",放在清水里漂洗一下,就会变得非常干净了。

可怜兮兮的眼睛树

在俄罗斯的境内生长着一种可怜兮兮的树木。为什么用"可怜兮兮"来形容这种树木呢？因为这种树木虽然从外形上看去与一般的树木没有什么两样，但是当一些捣蛋鬼故意将它的树皮剥开的时候，它的树干上就会显露出一只只大"眼睛"，这些眼睛里还含着悲伤的"泪水"呢！无论是谁看到这些噙着眼泪的大眼睛，都会觉得这棵树木真是十分可怜啊！根本就不会忍心再去伤害它了。

树木真的能长眼睛吗？当然不是的，这些眼睛只不过是树木的疤痕，每一种树木被人们伤害的时候，都会长出疤痕。但这种可怜兮兮的树木的伤痕却有点与众不同，疤痕的两侧各伸出一个角，这样看起来，就像极了人的眼睛。而那些眼泪呢，当然也不是真的眼泪，只是树干分泌出来的液体，那是一种天然的胶粘体，能当做胶水来使用。

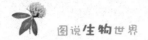
树木也发电

印度生长着一种非常奇特的树,它的防御本能非常强,如果你不小心碰到了它的枝条,身体就会像触电一样酥麻难受。这是为什么呢?原来,这种树木有发电的本领。它的叶子上带着很强的电荷,它就靠这不算小的电量来保护自己。

发电树不但能发电,还能够储存电量,而它储存的电量也是随着时间变化的。中午,它的树干里储存的电量最多,而午夜就很少,它的这种功效,简直和一块蓄电池差不多了。

发电树为什么会有这种神奇的功效呢?有人推测这跟时间和气压的改变有关,有人则认为这跟太阳的直射有关。现在还没有一个比较明确的答案。假如有一天,科学家们能解开发电树之谜,解开它的发电原理,便可以制造出一种新型的发电机。这可是又一种新型绿色的替代能源哦!

发电树除了能发电、储存电之外,还非常调皮捣蛋,它能够影响指南针的灵敏度,如果在它的周围25米之内,放置一个指南针,指南针就会剧烈地摆动,从而丧失原有的灵敏度。

树木会流血

在我国广东和台湾地区，生长着一种非常人性化的树，为什么说树木人性化呢？因为这种奇怪的树木会流血。这些树木如果被人损伤之后，流出来的液体是透明的，而是像血一样的鲜红。这种树木叫做麒麟血藤。

麒麟血藤的自立性很差，它通常像蛇一样缠绕在其他的树木上，它的茎能够长到 10 多米，如果把它们砍断或切开一个口子，就会有像血一样的树汁流出来，流出来之后就会凝结成像血块一样的东西。

除了麒麟血藤之外，在我国还有其他或能够流血的树，比如龙血树、胭脂树。

我国美丽的西双版纳有很多龙血树。当它受伤之后，会从树干里流出来一种紫红色的树脂。龙血树除了能够流血这个特性外，还有一大特色——特别长寿。我国传说中最长寿的人叫彭祖，彭祖活了 800 多岁，而龙血树比彭祖要长寿多了。

曾经生活在非洲西部加纳利岛上的一棵龙血树更是长寿，它的

年龄据测定在 8000～10000 岁之间，这应该是世界上最长寿的树木了。但可惜的是，这棵龙血树在一次风暴中被毁掉了。

　　我国的广东和云南地区则生长着胭脂树。它如果受伤的时候，也会流出红色的"血"一样的液汁。

　　除了"流血"的这个特性外，胭脂树的种子具有鲜红色的肉质外皮，能够被当做红色染料使用，所以，胭脂树又被称作红木。

胭脂树，流血了！

怕痒的紫薇树

紫薇树应该算是植物界中最欢乐的成员了，它们最喜欢的事情就是哈哈大笑了。树也会笑?说出来你可能不信，但是紫薇树就是这么神奇，只要稍微碰一下它的树干，它就会因为"怕痒"而颤抖不已。

紫薇树真的怕痒吗? 当然不是这样的。紫薇树在受到外界碰触的时候，之所以会做出好像是怕痒的反应，原因并没有定论，现在流行的大概有两种说法。

一种说法认为紫薇树的树干很硬，而且上下几乎一样粗。由于它的上部比一般的树更加重一些，导致了它比较容易摇晃，只要我们用手轻轻碰一下，它就会震动。

另一种说法则认为紫薇树之所以怕痒，是因为它体内的某种植物激素对"震动"这种行为比较敏感。

紫薇树除了"爱笑"外，还以"皮肤滑嫩"而出名。在我们的印象中，树木的皮肤——树皮都是比较粗糙的，紫薇树却不是这样。它的树身非常滑，连非常擅长攀援的猴子都爬不上它的树身，正是因为这个原因，紫薇树又得名为"猴刺脱"。

　　紫薇树的树身为什么会这么滑嫩呢？这是因为紫薇树没有树皮，其实严格说米，紫薇树也不能说是没有树皮。年轻的紫薇树干，每年其实都长有表皮的，但它的表皮年年都会脱落，表皮脱落之后，树干就会显得新鲜而滑嫩。而紫薇树到了老年，它的树身就不会再生长表皮了。紫薇树就这样得来了一身"滑嫩"的肌肤。

多面植物

关键词：海松、叶松、芦荟、常春藤、木荷、棉丝树、铁树、漆树、雨蕉、烟树、青冈树、日历树、白刺、大白刺、莫尔纳尔蒂树、金橘树、炸弹树、手铐树、橡树、捕鸟树、鹊不踏、灯笼树、夜光树、绞杀榕、烛台树、汽油树

导　读：有许多植物，都拥有神奇的技能，并各自依赖独特的技能，从事着不同的工作，比如会灭火的植物、会预报天气的植物、会唱歌的植物等等。

植物不怕火来烧

《西游记》里有一个故事讲的是，唐僧来到一个寺院里借宿，寺院里的老和尚觊觎唐僧的袈裟，就同寺院里的和尚商量，要纵火烧了唐僧，抢走袈裟，和尚们的诡计被孙悟空听了个正着。孙悟空非常气愤，于是跑到了天庭向广目天王借了个辟火罩，有了辟火罩，唐僧住的木屋子没有着火，他们躲过了这一灾。

正是因为有了辟火罩，木头才没有着火。但是，你知道吗？植物界中生长着一种叫做海松的树木，即使没有广目天王的神奇宝贝，它也不会怕火烧。事实上，它们的木材是制作烟斗的好材料，即使是经过成年累月的烟熏火燎，海松木也不会被烧坏。海松不怕火烧主要有两方面的原因,一方面是因为海松的木质十分坚硬,不怕高温,另一方面则是因为海松可以很容易地将体内的热量散发出去。

在不怕火的树木的"大部队"里,除了海松外,还有其他的成员。比如叶松。叶松也不怕火烧,能够在熊熊烈火中劫后余生。因为拥有这个特性,人们送给它一个"英雄树"的名字。为什么叶松会是"英雄"呢? 原来,在叶松挺拔的树干外,包裹着一层几乎不含树脂的树皮。因为没有树脂,这层厚厚的树皮就很难被烧透,大火就是将它的树皮烤糊了,叶松里面的组织细胞还是可以被保护得好好的。就算火势大到难以想象的地步,树干真的被烧伤了,叶松能够自己变身成"医生",从体内分泌出一种透明的液体,将身上的伤口涂满,随后液体凝固,可以防止真菌、毒虫等"坏蛋"入侵它的身子。就是这些原因,让叶松变成了名副其实的英雄树。

芦荟也是一个防

听说海松不怕火烧!

火的好手。芦荟不怕火，主要是因为芦荟的体内含有一种不易燃的物质。

　　美国的常春藤也不怕火，甚至有人称它们为"灭火植物"。这是因为常春藤的身子接触了火苗之后，表面上虽然会变得焦黄，但身子并不燃烧。常春藤不但自己能在火中存活下来，还能有效地阻止火势的蔓延。

生长在我国广东西部山区的一种叫做木荷的树木,也有跟"常春藤"差不多的"灭火"功效。木荷能够防火、灭火,主要是因为它的树叶中含有将近 45% 的水分。树叶中的水分可以确保木荷在碰上"火灾"的时候,只焦不燃,进而有效地控制火势的蔓延,真的是当之无愧的"灭火植物"。

树木也能下雨

打雷天下雨，这是正常的自然现象，但你见过天晴树却在下雨的吗？

树木也会下雨？还是在大晴天下雨，听起来让人匪夷所思。

在南美洲的某些热带地区，生长着这样一种在大晴天能够下雨的树，当地人给它取了一个名字——雨树。

雨树下雨的奥秘全都藏在树叶上。它的树叶呈碗状，雨水一旦落到叶面上，就会被聚集起来。晚上，叶面就会卷起来，将收拢起来的液体包裹在叶面中，等到白天气温变高的时候，叶面会慢慢地张开，这个时候聚集在叶子里面的雨水就会溢出液面，形成了一种"晴天下雨"的现象。

雨树下雨并不是南美洲独有的现象，在我国的某些地区也出现过雨树。

它们实际上是一种南方常见的乔木，俗名叫棉丝树或棉丝子，学名叫滇朴。

棉丝树的树叶呈卵形、卵状椭圆形或带菱形，可不是碗状的，装

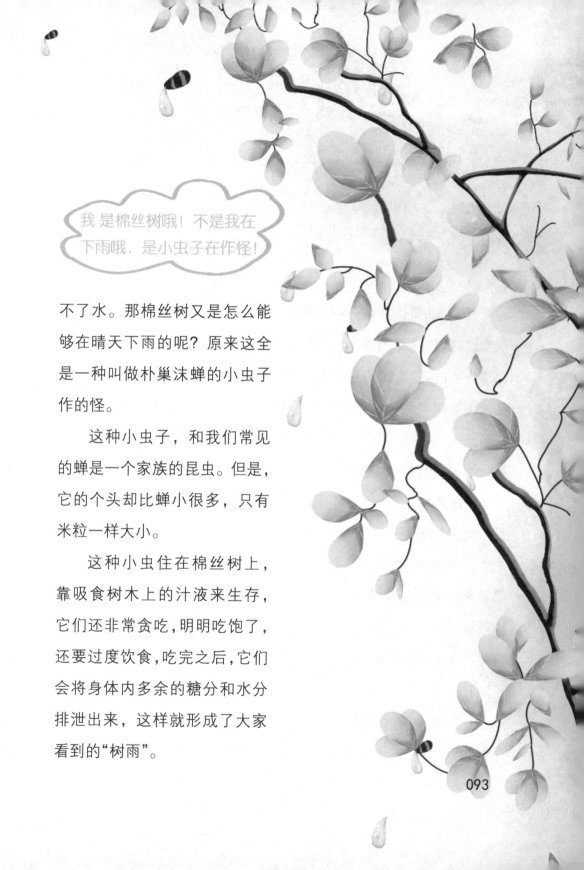

我是棉丝树哦！不是我在下雨哦，是小虫子在作怪！

不了水。那棉丝树又是怎么能够在晴天下雨的呢？原来这全是一种叫做朴巢沫蝉的小虫子作的怪。

这种小虫子，和我们常见的蝉是一个家族的昆虫。但是，它的个头却比蝉小很多，只有米粒一样大小。

这种小虫住在棉丝树上，靠吸食树木上的汁液来生存，它们还非常贪吃，明明吃饱了，还要过度饮食，吃完之后，它们会将身体内多余的糖分和水分排泄出来，这样就形成了大家看到的"树雨"。

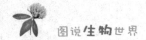

千年开一花

有个成语叫"铁树开花",经常用来比喻事情非常罕见或愿望难以实现。铁树开花很难吗?解释这个问题之前先告诉你,铁树有两个非常好听的名字:避火蕉和凤尾蕉。称呼它凤尾蕉,是因为铁树的枝叶长得就像凤尾一样漂亮,树干看起来又很像芭蕉和松树的树干。铁树跟人类一样,是有性别之分的。雄铁树和雌铁树的差别主要在花朵上面,雄铁树的花朵是圆柱形的,雌铁树的花是半球形的。

说起铁树的花朵,就不得不再提那个成语——铁树开花。主要是因为古代中原铁树开花非常少见,所以古人以为铁树差不多千年才能开一次花。其实这只是古人犯的一个错误,铁树之所以不开花,那是因为它们没有遇上适合它们开花的气候。气候一旦合适了,铁树只要长到了十几年左右,到了开花期,就会年年开花。当然,如果气候不适宜,铁树就会"憋着性子",不但不会开花,还有可能不长个子呢!

一般来说,铁树喜欢南方的湿热气候,讨厌北方的寒冷气候,如果铁树到了北方,尤其是寒冷地带,那么极有可能千年开一花呢!

会"咬人"的树

在我国许多地区生长着一种恐怖的树,这种树就是漆树,它的恐怖之处在于能够咬人。

树能咬人? 难道它长嘴了吗? 如果树长嘴了,那不就是妖怪了?

漆树当然不是妖怪, 它只是植物界众多树中很常见的一种树木。漆树主要分布在我国秦巴山地和云贵高原地区。由于漆树是一种"经济林",可以帮人们赚钱,因此很受人民群众的喜爱。不仅仅如此,它还是天然树脂涂料呢,素有"涂料之王"的美称。漆树从里而外都是宝,除了做涂料之外,它的籽还可以用来榨油。由此看来,漆树真的是人类的活宝呢!

虽然漆树很受人们欢迎,但是因为它体内的"生漆"是有毒的,并且漆里面含有非常强烈的漆酸, 所以你千万不能随便触碰这些漆,因为生漆一旦沾上了皮肤,就会引起皮肤过敏,更严重的是,甚至会出现中毒的征兆,又痛又痒,让人觉得很难受。

正是由于这个原因,大家才会玩笑地说漆树会"咬人"。看来漆树真是让人又爱又恨啊!

生漆实际上是漆树内部分泌出来的一种液体,在漆树的树干上面长着许多小管道,这些小管道里就充满了这种"生漆"。如果人拿着刀子将树皮割开,这些液体就会流出来。

　　这些叫做"生漆"的液体刚流出来的时候是白色的,它们一旦与空气接触,就会发生神奇的变化:生漆的表面就会变成栗褐色,再过一段时间,就会变成黑色。生漆为什么会"变脸"呢?这其实是一种叫做"氧化作用"的化学变化。

　　另外,漆树的"生漆"还有一个"怪脾气",它们只能在湿润的空气中才能变得干燥,凝结成块,如果碰上干燥的天气,它们就懒得"变硬",也不愿凝结成块。

大树气象员

植物世界中，气象员很多。小草能当气象员，花朵能当气象员，大树更是不甘人后，也能当气象员呢！

比如北美洲的雨蕉。当地人给它起了一个小名儿，叫做"晴雨树"。如果即将变天了，雨蕉树的叶子上就会凝结出一颗颗晶莹的"泪珠"来。

我国四川同样生长着这种能够预报天气的"烟树"。当树的周围冒出"烟雾"的话，则预示着雨就要来了，而且浓烟越大，表明雨的威力越大，即将到来的阴雨就越大。如果树木周围没有烟，就表明了来日是好天气，可能是万里无云的。为什么树木会有这种神奇功效呢？有专家推测这跟人类采掘原煤之后留下的空洞有关。

青冈树：要下雨了！

我国广西，长着一棵100多岁的青冈树，青冈树叶子的颜色也能随着天气变化而变化。晴天时,大树的叶子呈现出来的是正常的深绿色;当天气快要下雨的时候,树叶则会变成红色;如果雨后,天气重新变晴朗了,树叶又会变成深绿色。

树木不但能预报天气、测量气温,还能计算时间呢。

在中美洲的热带雨林地区,生长着一种能够随着季节变化而变化颜色的日历树。在五六月份的时候,这种树木的树皮是红色的,到了八九月,树皮就会变成白颜色。为什么这种树木能够根据季节变化来改变自己的颜色呢?科学家们研究发现,树木在夏天变成鲜艳的红色,是为了吸引钟爱红色的蜂鸟,为它传播花粉;而到了秋天,树木变成淡雅的白色,则是为了吸引偏爱白色的夜蛾给它传播花粉。

不怕活埋的树木

古时候,存在一种非常残忍的制度——殉葬制度。用俗话来说就是"陪葬",地位比较高的人死了,他们就会拉来一些地位比较低的人,为他们"陪葬"。殉葬制度中陪葬的人,离开人世的途径有很多,其中有一项就是活埋。人们很怕被活埋,因为活埋会让人很快死去。

当然怕活埋的不仅仅是人,地球上的好多动物、植物都怕活埋。

但是,这个世界上总会有一些不怕"活埋"的异类,白刺就是这样一个异类。

白刺主要在我国内蒙古和西北地区的沙漠地带"定居"。

它们是一种非常典型的荒漠植物,它不怕被荒漠地区的"沙子"活埋,它们的枝条在被沙子活埋之后,依然能够往下运动——扎出不定根,往上运动——发出不定芽。它们还非常喜欢攀爬,沙子堆积到多高,它们就能爬到多高。白刺的枝条白白的,上面还长着叶子,你别小看这些叶子,它们体内的营养非常丰富,是沙漠里的牛、羊、骆驼等动物最喜欢吃的饲料了。

白刺的叶子虽然好吃,但是它是一个非常"吝啬"的家伙,它才舍不得将它的枝叶全都分给那些动物吃哩,它会将它顶端的枝叶硬化成枝刺,让那些动物下不去嘴!

白刺的花朵虽然很小,长得很不起眼,但是它的果实却味道非常鲜美,而且还可以用来酿酒和造醋。

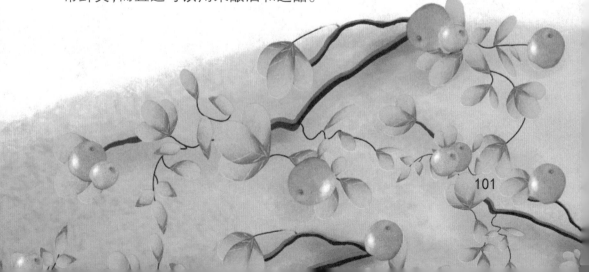

白刺的果实很美,它还有一个兄弟——大白刺,它的果实更是酸甜可口,被当地人称为"沙漠樱桃"。除了可口之外,沙漠樱桃还有一种特效——催肥。小猪猪要是吃了沙漠樱桃,就能变成一个"大胖子",所以沙漠樱桃非常受当地人民的欢迎。

　　白刺和大白刺不但能给当地人提供美味的果实,还是沙漠地区伟大的卫士呢!它们紧紧地匍匐在沙地上,抱着沙堆,让沙堆不随意"乱跑",坚决、顽强地同沙尘暴作斗争。

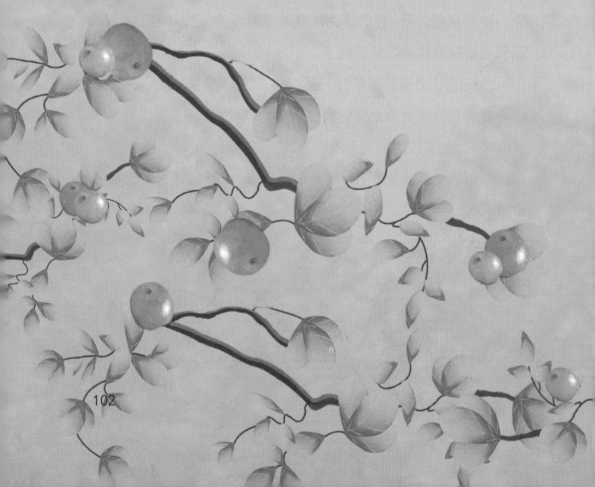

会唱歌的树

　　童话故事中,有一种能够唱歌的树,歌声优美动听,让人听了还想再听。现实生活中,真的存在这种树木吗? 有!

　　在巴西,确实生长着一种能够唱歌的树木,它的名字叫做"奠尔纳尔蒂"。

　　不过"奠尔纳尔蒂"树有个"怪脾气",它非常"喜欢"太阳。喜欢到什么样的程度呢? 我们看看它的行为举动就明白了。太阳刚升起的时候,奠尔纳尔蒂就处于异常兴奋的状态,它能够不停地发出一种委婉动听的乐声,也许是为了迎接太阳的到来吧! 可是,一旦到了晚上,它就会连续不断地"哼"着一种哀婉沉郁的歌,听起来就好像是在低声地抽泣。而这一切,就在奠尔纳尔蒂树上成了一种周而复始的工作。到第二天太阳照常升起的时候,它又会唱出悦耳动听的歌声。

　　为什么"奠尔纳尔蒂"树不但能够唱歌,还能在白天晚上唱出不同类型的歌声呢! 为什么奠尔纳尔蒂树会有这样神奇的功能呢? 根据植物学家的研究推测,这可能跟太阳光的照射有关。

会唱歌的树不仅仅只有奠尔纳尔蒂树一种，其实在我国内蒙古也生活着一棵能够唱歌的金橘树。养树的老人无意间发现每天半夜金橘树会发出唱歌一样的声音。仔细一听，有时候金橘树发出的声音就好像是青蛙在叫，有时候又好像是蛐蛐儿在叫，再仔细一听，又说不上来是什么声音。这棵金橘树曾经很出名，植物学家们也对它进行了研究，但是还没有查出具体原因呢，这棵金橘树突然间就又变成"哑巴"，不唱歌了。会唱歌的金橘树身上到底有什么样的秘密，至今还是一个谜！

金橘树：
我模仿的
像不像青蛙的声音？

大树也有武器

大侠行走江湖，练就一身好本领之后，需要做的第一件事儿就是挑出一件称心如意的好武器：圆月弯刀啊，碧血剑啊……

其实，武器又何止是对人来说非常重要，对植物来说，也是非常重要的哩！许多大树深谙这个道理，所以它们"行走世间"，也都拥有自己的武器。

墨西哥的一种奇异的"炸弹树"就是其中之一。这种树木呢，能长出南瓜大的果实，果实不但大，还很"彪悍"，也是它最好的武器。因为"炸弹树"的果实成熟之后，它们就会自动裂开，并且把锯齿状的"弹片"炸落在树木周围。这种"弹片"非常锋利，人如果不小心碰到了，就会被戳伤皮肤，引起出血。如果人碰到大片的"弹片"，说不定还会流血致死呢！当地人都知道这种"炸弹树"武器十分厉害，所以走路的时候，往往是绕着它走的。

神奇的植物世界，总是让人吃惊，有了炸弹这种武器，还会有手铐武器。人们非常恰当地给拥有"手铐"的树木，起了一个形容贴切的名字——手铐树。手铐树生活在非洲，不怕热、不怕旱，当别的树

我是橡树!

木在旱地枯萎的时候,它的枝条却还是生机勃勃,随意在风中摆动。你别看"手铐树"的腰肢像柳枝一样柔软,误认为它很"温柔",当你靠近它的时候,它就会变得异常"暴躁",伸出"枝条"将你的手紧紧地缠住,就好像扣上了手铐一样。手铐树和炸弹树一样厉害,当地人自然不敢轻易惹它,见到它的时候,也是绕着它走。

大树不但有"果实武器",还有化学武器呢!化学武器?一棵小小的树木能有这么厉害? 当然! 有事实为证!

在几十年前,美国东北部的橡树林出现了大规模的虫害,很多树木受到了虫子的威胁,树叶被啃得光秃秃的。大家本来以为这片橡树肯定是必死无疑了,但是没有想到的是第二年,橡树上的虫子无缘无故地消失得无影无踪,而橡树呢,竟奇迹般地恢复了健康,变得生机盎然起来。

为什么这片橡树忽然间就能在与虫子的斗争中"反败为胜"呢?科学家经过研究取证,发现橡树的叶子里忽然间出现了一种叫做"单宁酸"的物质。

这种单宁酸就是橡树的"化学武器"。单宁酸进入虫子身体的时候,会与虫子身体中的一种蛋白质相结合,使虫子吃进肚子里去不能消化。虫子消化不良,对自己身体伤害挺大,轻的,会导致行动迟缓;重的,会导致病死。

虫子:快跑,那是橡树叶,不能吃!

树木的刺

前方有鹊不踏，
要绕行！

　　如果说大树有武器，那么大树身上的刺肯定是武器中的"剑"。因为大树中的刺跟武器中的"剑"一样普通、常见。

　　刺长在大树的身上虽然平常，但是有些树木的刺可一点都不平常。南美洲秘鲁南部地区生长着一种非常像棕榈树的树木。它叶面上的硬刺，那才是真正厉害呢！如果有鸟儿"不长眼睛"，想要吃大树叶子的话，树木身上的利刺会"攻击"小鸟儿。当地人将这种树木叫做"捕鸟树"。

　　我国南方也有一种树拥有很厉害的刺。树木的名字叫做"鹊不踏"。 它的树干、枝条和叶子上都长满了尖刺。鸟兽显然知道这种树木非常厉害，所以，看到"鹊不踏"就会主动远远地躲开，正因为这种现象，所以这种树又被称做"鸟不宿"。

　　阿尔卑斯山脚下的一种树木更是神奇。这种树木在小时候，个子还很小，却非常"聪明"，如果它们被动物啃咬了，很快就会长出一丛"尖刺"，尖刺能一直长到动物伤害不了幼苗的高度，才会抽出普通的枝条。

会发光的树

植物世界中，有一个"夜光"家族，有发光的小草、发光的花朵，自然也有会发光的树。

在我国江西井冈山地区，就生长着一种会发光的树，它的名字叫"灯笼树"。

110

　　"灯笼树"属于杜鹃花科的落叶灌木。它的花朵是肉红色,并呈"钟"形,所以它又叫"吊钟花"。

　　灯笼树临水而居,一到晚上,就会散发出柔和的光芒,远远看去,特别像一盏盏淡蓝色的小灯笼。灯笼树能散发出光芒,是因为它的花朵体内含有大量的磷,到了晚上磷能变成气体,与空气中的氧气结合,便会燃烧起来,散发出淡蓝色的光芒,远远看去,就像一盏

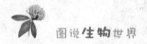

盏小灯笼。它因此而得名。

同样,在非洲北部"定居"的也有一种发光的树,当地人称它为"夜光树"。

夜光树到了晚上就能闪闪发光这件事,对于当地人来说是件非常奇怪,甚至可怕的事情。你想想,树木身上又没有灯泡,居然能发光,多奇怪啊!当地人很害怕,以为是妖魔鬼怪在捣乱,所以称它为"恶魔树"。

当然,这种发光树也有好处啊,因为它散发出来的光非常明亮,非洲的土著居民可以借助它在晚上干活,给当地居民带来了光明和便利,所以又亲切地称呼它为"照明树"。

其实,夜光树和灯笼树的发光原理一样,都是因为树体内含有大量的磷,磷属于遇见氧气就易燃的物质。

"灯笼树"和"夜光树"能够发光,已经得到了证实,并且查探出了具体的原因。

而在原苏联的奥莱拉地区同样生长着一片能够发光的树林。树林到了晚上能够散发出一种很亮的绿光。但是这种绿光的产生,并非是因为树内含有大量的磷。

为什么这片树林会散发出一片绿光?科学家至今没有查明具体原因。

忘恩负义的绞杀榕

绞杀榕,一听它的名字就知道它不是个好东西。用"忘恩负义"这个词语来形容它一点儿都不错。它一生只奉行一个原则——要么你死,要么我活。除此之外,就没有了选择。

这到底是怎么一回事儿呢?

原来,如果绞杀榕单独生长的时候,它的主干是笔直的,像是一个翩翩而立的"正人君子"。但是,它要挨着其他的大树生活的话,它就会像个撒娇的"小女孩儿"一样,紧紧地依偎着它的邻居,将它的主干像一条游蛇一样缠上邻居的臂膀。

起初的时候,邻居对于绞杀榕的亲近,还是很欢迎的,因为"面黄肌瘦"的绞杀榕看起来很可怜又不起眼,邻居很难不去怜惜它。但随着时间的增长,被绞杀榕紧紧缠绕着的邻居,就会变得痛苦不堪,因为绞杀榕在"亲近"它的时候,还会"吃它的血肉"。当邻居慢慢感觉到了力不从心,再也经受不起榕树的剥蚀和侵袭时,就会慢慢地变得瘦弱,矮小,再过一段时间,它们就会消失,连影子也找不到,它们已经被原来"面黄肌瘦"的绞杀榕给吃掉了。

绞杀榕树像蛇一样，紧紧缠绕在它的邻居身上，直至邻居死亡。

　　绞杀榕的生存之道就是：用别人的生命、别人身体的营养来换取自己的生长空间。

　　植物界中，忘恩负义的植物除了绞杀榕外，还有许多其他的种类，人们赋予了它们一个名字——绞杀植物。绞杀植物主要生长在

热带雨林，它们的生活最初要依靠别的植物，它们长出气生根，紧紧地包围着别的植物，随着时间增长，这些气生根的数目、势力变大，就会像一张网一样，紧紧地包围着被绞杀植物的主干，最终绞杀那些被绞杀植物。这就是绞杀植物名字的来源。

小植物帮大忙

植物是人类的好朋友,这句话半点儿都不假,往小里说,它可以给我们提供绿荫,木材,往大里说,它可以给我们指路,甚至可以提供汽油呢!

在非洲的马达加斯加岛上,就生长着一种叫做"烛台树"的植物,它的功效跟指南针差不多。在它的树干上生长着一排排细小的针叶,不管这种树在哪里生长,它的针叶永远都能非常有秩序地排队,永远都能准确地指向南方,正是因为这个原因,指南树非常受当地人欢迎,它们能够帮助迷路的人迅速地找到回家的路。

树木能开花、结果很正常,可是,树木又是怎么给我们提供汽油的呢?原来啊,在亚马孙河流域生长着一种奇怪的树木,它们有"汽油桶"的功效。它们身上分泌出来的液体,就是"黑色的金子",经过加工,倒进汽车里,汽车就能跑起来。

汽油树是个"胖子",周长差不多有 1 米,当地人每半年会在树上钻一些小孔,小孔里能流出来 15～20 升的汽油,如果汽油装在车子里,差不多能跑 200～300 千米。

116

植物传奇

关键词：红树、欧洲黑松、光棍树、野莴苣、槐树、老虎须、猪毛菜、蒲公英、步行仙人掌、苏醒树、鸽子树、植物睡觉、植物找帮手除害

导　读：有胎生植物,有光棍树,有会跑路的植物,有会找帮手除害的植物……原来我们不太清楚的一些植物,却有如此丰富多彩的生活。就让我们一起走进"植物传奇"的世界里,领略它们的异样风采。

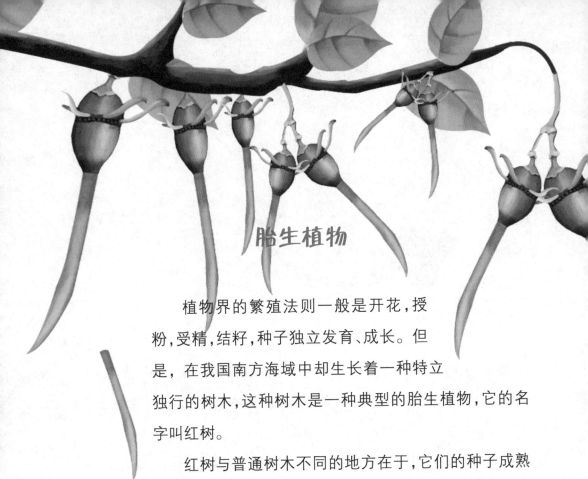

胎生植物

植物界的繁殖法则一般是开花，授粉，受精，结籽，种子独立发育、成长。但是，在我国南方海域中却生长着一种特立独行的树木，这种树木是一种典型的胎生植物，它的名字叫红树。

红树与普通树木不同的地方在于，它们的种子成熟之后不会离开母体。种子会在红树妈妈的身上吸收营养长大。这种现象在植物界中并不常见，红树到底是怎么办到的呢？

原来，在红树开花结果的时候，它们的身上长满了一些几寸长的"角果"。这种角果看起来好像是红树的果实，但是它们的真实身份其实是种子萌发的幼苗。

　　红树身上的幼苗靠吸取母体的营养生长，当它们生长到了一定的高度后，就会在重力的作用下脱离母体，坠落在海滩上或是海水中。如果落在了海滩上，它们就可以直接插进泥土里，安营筑寨，扎根在大地上，长成一棵小树；如果落在海水里，它们又不会游泳，会淹死吗？别紧张，红树自有妙招呢！

　　如果它们的幼苗落到了海水中，它们可以依靠大树下枝里的通气组织，在海上漂流，只要海上升起海潮，它们就能够"乘风破浪"，借助海水的力量，游到海滩上。红树的幼苗一旦找到了合适的家，几个小时就可以长出侧根，很快能够在那里扎根生长。红树是个"急性子"，不但扎根快，生长也很快，它们差不多平均一个小时能够长到3厘米左右。同时，它们的繁殖能力也很强，一株幼苗扎根到光秃秃的海滩上，用不了几年的时间，海滩上就会生长出一片红树林。

全能火星植物

太阳可以说是地球之母,它给动物包括人类提供光和热,也给植物提供光合作用的原料。但它同时也给地球制造一些难题。紫外线就是它制造的难题中不可被忽视的一种。太阳的紫外线对地球上所有的生物来说都是一个大敌。它会使我们的皮肤变黑或变老,会使一些微生物在十几分钟内就死去……

太阳的紫外线对地球上的生物影响很大。而另外一个星球——火星,可能对于地球上生物的影响更大,因为火星上的紫外线强度比地球上还强。有科学家做过统计,如果把地球上的番茄、豌豆等移植到火星上,差不多只能活 3 ~ 4 个小时,就会因为紫外线的强烈直射而死去!如果是黑麦、小麦、玉米等植物的话,差不多能活到 60 ~ 100 个小时,这个时间换算成天的话,差不多就是 3 ~ 5 天的时间。而地球上一种最耐紫外线照射的植物——欧洲黑松就强悍多了,如果它们被移植到火星上的话,预计可活 635 个小时。这在植物界中,简直是奇迹。所以说,欧洲黑松是最适合在火星上生存的一种植物。

121

没有叶子的光棍树

就像人类有眼睛、鼻子等器官一样，植物也有器官。一棵"器官"齐全的树木，大致上要含有根、茎、叶。但是在非洲地区却生长着一种器官不全的植物——光棍树。

光棍树，有根，有干，却没有叶子。一棵没有叶子的树木简直就是树木中的异类。光棍树为什么是这副怪样子？其实，很早很早以前，光棍树也是有叶子的。但是，因为它们居住的地区，自然环境非常严酷，光照很强烈，水分又很少。为了适应环境，减少蒸腾作用，保有水分供给生长，原来的叶子越来越小，到了最后逐渐消失，就变成了"秃头秃脑"的鬼样子。

光棍树没有叶子，还能继续存活，这跟光棍树"神奇"的树干有大干系呢！它的神奇之处到底在哪里？原来光棍树的树干上生长着叶绿素，所以树干能够代替叶子进行光合作用，制造出供给光棍树生长的养分，光棍树吃了树干提供的"食物"，才能正常生长。

光棍树的叶子消失，变得"光秃秃"的，这其实是光棍树为了生存下去，跟恶劣的环境进行战斗后，不得已选择的"妥协"策略。

　　植物界中除了光棍树外，还有一些跟大自然作战，跟阳光作战的"勇士"。比如说，生长在我国东北的野莴苣，它为了减少水分的流散，挺直了腰杆儿，将它的叶子高高地竖起，像"旗杆子"一样地立在莴苣上，跟树木形成一个垂直关系。

　　光棍树和野莴苣为了同恶劣的环境进行战斗，对自己的"容貌"做了一些改变。植物界中还有一些植物在同自然环境进行战斗的时候，它们不改变"容貌"，而改变自己的行动。比如槐树。

　　槐树的叶子为了减少水分蒸腾，会随着太阳一起旋转，在太阳东升，阳光不那么强烈的时候，槐树的叶子是非常优哉游哉的"平躺"着的，但是等到中午，阳光变得强烈的时候，槐树的叶子就会悄悄地竖起来，通过这种途径，躲避阳光的直射，减少水分的蒸发。到了傍晚，太阳又变得温柔了，阳光没有那么强烈了，槐树的叶子又会变成"平躺"，伸直了身子，又开始舒服地晒太阳。

形似虎须的老虎须

　　一看到"老虎须"三个字,你可能会很诧异:咦?这不是老虎的胡子吗?你还别说,这种植物长得真像老虎的胡子呢!它的花序上有一些小苞片,这些小苞片呈现出细丝状,长达几十厘米,一根根飘逸下垂,微风吹来,像胡须一样在风中缓缓飘摇,所以使整个花序看起来像一张龇牙咧嘴的老虎面孔。

　　那这种植物的样子不是太恐怖了吗?告诉你,还不止这般恐怖呢!它还有一个更奇怪的名字,叫"蝙蝠花",不用跟你解释,你可能已经明白了,它还像一只飞舞的蝙蝠。怎么还会像飞舞的蝙蝠呢?之前说过,它的花序上有两片大苞花,还是垂直排列的,这两片大苞花呈现出紫黑色,微风一吹,整个花序就像是一只飞舞的蝙蝠,看起来是不是有点恐怖?

如果你觉得这种植物叫"蝙蝠花"和"老虎须"有一点点吓人的话,那你就错了,其实,它还有另外一个更加恐怖的名字——"魔鬼花"!这个名字是不是更吓人?

可是为什么人们为什么要给它取这样一个既恐怖又不好听的名字呢?原来这是因为它的花朵颜色晦黯,而且它又喜欢生长在阴暗的热带雨林中,乍一看让人感觉黑暗处有一双眼睛在死死盯着自己,顿时令人毛骨悚然。所以,人们就给它取了"魔鬼花"这样一个恐怖的名字。

也许你会觉得这种植物的几个名字都不好听,其实它还有一个名字呢!这个名字你肯定不会觉得恐怖,反而很好听,那就是"黑凤凰"。凤凰是鸟中之王,那是不是说明这种植物也是同类中的王者呢?目前还没有统一的认定。

它的正规学名叫箭根薯,属于蒟蒻薯科植物。别看它很恐怖,它还很害羞呢!它喜欢生长在热带雨林中避光、潮湿的地方,看来是躲起来不敢见人了。它的花形硕大,如果把花瓣展开的话有 7～8 厘米,它的须长 10 余厘米。这种植物十分罕见,"物以稀为贵",所以它显得非常珍贵。

会跑路的猪毛菜

植物界有很多会"跑路"的植物,说会跑路,其实就是从一个地方移动到另一个地方。这个移动方式并非植物真的会动,它们需要借助外力,来完成这一项任务。而一种叫猪毛菜的植物就是借助风这种外力来跑路的。

猪毛菜在植物当中是有名的"跑路植物",它作为一年生草本植物,之所以要跑路,其实是为了繁衍后代。而就是这种跑路的本领才让它的后代遍及中国的东北、华北、西南、西北等地,甚至在朝鲜、巴基斯坦、中亚细亚等其他国家也有它们生长的踪迹。

在每年的 8~9 月份,猪毛菜的果实就会成熟,而植株随之就会枯死。如果一阵疾风吹来,猪毛菜脆弱的茎就会被轻易地吹断,吹断后的植株就会带着种子跟随风四处滚动。一旦遇到合适的土壤,它们就会在那里重新安家。

降落伞蒲公英

降落伞大家都知道吧？当飞机遇到危险的时候,乘客如果想要活命,只能从飞机上跳下来,这时候,降落伞就可以起到了至关重要的作用,它可以确保人在坠落的时候不会受到伤害。

其实,在自然界中就生活着一种植物,它也有自己的降落伞,这种植物就是我们熟悉的蒲公英。蒲公英的降落伞不同寻常,因为它承载着蒲公英家族繁衍后代的使命。

在野外的道路旁,我们常常能够看到蒲公英头上长着一个白色的果絮,这些果絮看起来像是一个大绒球。果絮是由一个个细小且带着绒毛的种子聚集而成的,整体看起来十分洁白。它们不但好看,而且非常轻盈,就像一个棉花绒球,有利于种子在空中飞行。如果你摘下一个成熟的果絮,轻轻一吹,它上面的种子就会四处飞散。

一到秋天,蒲公英的果絮就会成熟。一阵微风吹过,这些果絮的种子就会像一个个小型的降落伞一样飘散到四面八方。

这些被降落伞带到四面八方的种子,一旦遇到合适的土壤,就会生根发芽,长成新的蒲公英。这也是蒲公英之所以能够风靡整个

北半球的原因。

　　在大自然界当中，并不是只有蒲公英
才能借助风的力量来传播种子的，还有一
些像杨柳、马利筋、木棉等植物也是依靠风来传
播种子。有了这种传播种子的方式，它们就更能够将借助风的力量，
将自己的种子带到世界的各个角落，然后，在那里生根落地，长出新
的生命。

步行仙人掌

有一种会步行的仙人掌生长在南美洲秘鲁的沙漠地区。我们都知道沙漠里最稀缺的就是水资源了，而植物生长根本离不开水。步行仙人掌当然也不例外，但是在沙漠里生长它只能"靠天吃饭"。如果老天爷下一点雨，对它们来说就是救命之水；如果一连好多天不下雨，在它们"口渴难耐"时，它们就会使出"看家本领"，将自己的根变成"腿和脚"在沙漠里慢慢地行走，以便找到有水源的地方安家。

"世上无难事，只怕有心人"，通过不断地行走，不懈地努力，它们大多数最终能寻找到一块水分充足的地方"安营扎寨"。

善于思考的你也许会有一个疑问，土地是植物的粮食，是植物赖以生长的根本。在行走和寻找水源的过程中，步行仙人掌总有一段时间是离开土地的，它是怎么做到既能行走又能正常地生存的呢？科学家已经找到了答案：原来，步行仙人掌在"徒步旅行"过程中，是从空气中吸取养分的。

会跑路的苏醒树

除了一些小草会跑路，其实在植物界中还存在着一些自己"长着腿"，能走能跑的植物。

这种"长腿"的植物就是大个头的树。这样说起来，或许你就会感到奇怪了，大个头的植物如何能跑呢？告诉你吧，真的能跑。

在美国的东部和西部的一些地区，就生长着一种叫做苏醒树的植物。它们在水分充足，阳光充沛的地方很好地生长，能够长成一片茂密的丛林，这种情形跟大多数植物一样，但是它们奇特的地方还没有说呢！

一旦它们生长的地方环境发生了变化，变得干旱缺水的话，它们就会毫不犹豫地将它们的根从泥土中拔出来，卷成一个球体，只要风来了，它们就能跟着风开始一段新的行程，如果在路上碰到了水分比较充足的地方，它们会停下来，将自己的根扎在这里，在这里"安家立业"，开始它的新生活。

如果还没有碰到水分比较充足的地方，它们将会继续在路上行走，寻找……直到属于它们的那片乐土出现为止。

巨星鸽子树

　　如果说我国的大熊猫是动物界里的巨星的话,鸽子树就是植物界中的巨星,它跟大熊猫一样,闻名国内外。两者之间不同的是,大熊猫名气很大,可以说是家喻户晓,而鸽子树就比较内敛,它虽然在国内外都很出名,但是了解它的人并不多。

　　鸽子树到底是一种什么植物?难道它的树身上真的长满了鸽子吗?当然不是这样的。鸽子树之所以有一个这么奇怪的名字,主要是因为鸽子树的花朵很像鸽子的头。鸽子树其实还有一个名字叫"珙桐"。珙桐是落叶乔木的一种,它的个头挺高,一般能够长到 20 米到 25 米。它除了凭借"美貌"在植物界中出名外,它的"资格"在植物界中也是很出名的。珙桐的身影在 1000 万年前的新生代就已经出现,珙桐本来生活得好好的,但等到距今大约 200 万年前地球迎来了第四纪冰川时期,因为地球上的气候发生了很大的变化,变得非常寒冷。这时候,许多珙桐因为抗拒不了寒冷而死亡,只有在我国南方的一些地区还幸存了一小批珙桐,这些珙桐一直坚强地活到今天,成了植物界中古老的神话。

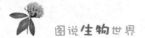

植物也会打瞌睡

　　动物睡觉大家都知道。而植物们呢,它们瞌睡不瞌睡?事实上植物也打瞌睡。植物睡觉,被科学家称为睡眠运动,顾名思义,植物睡觉其实也是植物的一项体能运动。

　　红三叶草,又叫"红车轴草"。它开紫红色的小花,复叶有了小叶,小叶呈倒卵形或倒心形。

134

每到太阳下了山以后,红三叶草的睡觉时间就来了,这个时候,它的叶子会像霜打了一样,慢慢地往下垂,三片叶子在下垂的同时会形成一个三角形,将叶柄紧紧地包住。等到第二天太阳出来的时候,这三片叶子又会慢慢地重新张开舒展在半空中。

　　除了红三叶草的叶子爱睡觉以外,花生的叶子也是爱睡觉的。它的睡姿跟红三叶草的睡姿有点不一样,要说红三叶草的叶子是低下头睡觉的话,那么花生的叶子便是抬起头睡觉。每当太阳西下的时候,花生的叶子便慢慢向上关闭,直到两片相对的叶子重叠在一起。等到第二天,太阳出来以后再慢慢地向下舒展。

　　要说植物的叶子爱睡觉也就算了,植物的花朵居然也要睡觉。

　　在植物的花朵当中最爱睡觉的花朵就是睡莲。睡莲又被人们称为子午花,睡莲的外形跟荷花十分相似,但是跟荷花有所不同的是,它的叶子和花朵都是漂浮在水面上的,而荷花的花朵和叶子都是长出水面的。

　　睡莲除了"子午花"这个别名以外,人们还给它起个名字叫"花中睡美人",就是因为这种花爱睡觉。

　　每当太阳西沉的时候,睡莲的花边就会向着花蕊靠拢,直到全都合拢在一起,就像一个还未开放的花苞,这个时候睡莲就进入了睡眠状态。第二天,当旭日东升的时候,睡莲便又从睡梦中醒来,将花瓣慢慢打开。

　　不同睡莲的睡眠时间也是不同的,有的睡莲起床比较早,但是一般到中午的时候就会闭合,比如有种叫亚克的睡莲就是这样的,有的是上午才睡醒,然后下午的时候又闭合,比如像霞飞、渴望者等睡莲。

　　除了睡莲以外,很多植物的花朵都是喜欢睡觉的,比如萝卜花、蒲公英等等。

　　植物不仅晚上要睡觉,有的植物居然还有午睡的习惯。比如说枣树,到中午11点钟左右,枣树的午休时间就开始了,它们这个时候

会把叶子上的气孔关闭，减低自己的光合作用。枣树这种关闭气孔的行为不会持续很长的时间，一般到下午 2 点左右的时候，它们就又会把气孔打开继续光合作用。

但是科学家们认为，植物午睡是非常危险的，因为它们午睡的这段时间差不多是一天中气温最高的时间，如果天气炎热的话，它们的午睡会让它们本身的水分降低，很容易引起"自燃"。

植物为什么要睡觉？

我们在前面说过,动物喜欢睡觉,主要是因为睡觉可以解乏,那么,植物为什么又这么喜欢睡觉呢？它们睡觉会给它们带来什么好处呢？

首先,植物睡觉有利于它们生长。

我们都知道,人类睡觉是有利于我们身体的成长,那么植物的睡觉是不是也利于自身的成长呢?最早提出植物睡觉能够有利于植物生长这一观点的人是著名的生物学家达尔文,他也是第一个提出植物也会睡觉的人。

虽然达尔文提出这一观点,但是由于他没有办法测量植物的温度,所以他的这个观点很难让人们信服。直到美国的科学家恩瑞特通过试验找出依据以后,又重申了这个观点,很多科学家才觉得这是有一定道理的。

恩瑞特的实验是在晚上进行的。在夜间,恩瑞特先用一个灵敏的温度探测针插入一种正在睡觉的植物的身体内测量睡觉植物的温度,然后又拔出来测量不睡觉植物的温度。

经过多次对不同植物的测量,恩瑞特惊奇地发现,睡觉植物的温度总会比不睡觉植物的温度高 1℃左右。为什么睡觉的植物会比不睡觉的植物温度高呢? 这是因为在睡觉的过程中,它们的叶子一般都是闭合的,这样就会减少植物体散热。不要小看这 1℃的差异,它是促进植物生长或减缓植物生长的主要因素。

如果植物的温度高的话,植物生长就会变快一些。所以睡觉的植物要比不睡觉的植物生长得快一些。

第二,植物睡觉还可以减少植物水分的蒸发。

经过很多科学家研究发现,并不是所有的植物都喜欢在晚上睡觉的。比如说,有些热带植物则喜欢在白天睡觉。

为什么这些热带植物喜欢在白天睡觉呢?难道它们会像人类一样生物钟失调吗? 其实不是这样的。

有些热带植物之所以会选择在白天睡觉,是因为热带植物生长的环境决定的。热带植物一般生活在气候比较炎热的地方,这种地方日照时间长不说,温度还高,如果这个时候,植物的叶子还是伸展着的话,那么植物身体内的水分就会被大量地蒸发掉,如果在这个时候睡觉的话就不一样了,它们将自己的叶子闭合起来,跟外界的接触面就小了,就会防止水分的蒸发。

再次,植物睡觉有时候还可以方便传粉呢!

除了有些植物的叶子喜欢白天睡觉以外,有些花朵也是白天睡觉晚上才开放的,比如说夜来香。

夜来香也叫夜香树,是一种生活在热带地区的藤状灌木。为什么会选择白天睡觉而晚上开花呢?这是因为夜来香也是靠昆虫来替自己传播花粉的。我们知道,夜来香的老家在亚热带地区,那里白天气温较高,许多小昆虫很少出来活动,而到了傍晚和夜间,气温开始下降,这时趁着天气凉爽,许多昆虫就开始出来觅食。其中,为夜来香传播花粉的飞蛾,也在这个时间段出来觅食。

假设夜来香在白天开花的话非常不利于花粉的传播,所以它非常知趣地选择白天睡觉,晚上开花。否则夜来香就无法完成繁殖的使命。

当然,这也是许多植物生长繁衍时为适应环境而进化的特征。

植物会找帮手除害

当我们遇到比自己强大的对手欺负的时候，我们也不会坐以待毙。但是，如果凭借自己的力量无法制止他们的欺负时，我们该怎么办呢？其实很多人已经想到了办法，那就是找别人帮忙。

其实，这种找人帮忙的行为不但在动物界里很常见，而且在植物界里也很常见。

当植物的叶子被一种害虫蚕食了，被蚕食的叶子就会释放出一种奇特的香味，这种香味会吸引来叶子的朋友、害虫的天敌前来帮助消灭敌人。

这种特殊香味是怎么来的呢？因为在植物体内普遍存在一种清香型的"酶"，也就是生活催化剂，植物细胞的所有新陈代谢都是依靠"酶"来完成的。当植物的叶片受到害虫蚕食之后，会流出一种绿色的液体，绿色的液体中含有一种挥发性信息化合物。这种挥发性信息化合物有通风报信的本领，它把信息传递给害虫的天敌，当害虫的天敌收到这种信号时，就会赶来对付害虫。

卷心菜是我们餐桌上常见的蔬菜，有一种害虫也喜欢吃它，这种虫就是菜粉蝶幼虫。当菜粉蝶幼虫吃卷心菜叶片的时候，被蚕食过的卷心菜叶片就会释放出一种特殊香味，招来它的朋友，菜粉蝶幼虫的天敌——粉蝶盘绒茧蜂。

粉蝶盘绒茧蜂什么时候能收到卷心菜发出的求助信号呢?大约在菜粉蝶幼虫蚕食卷心菜叶片一个小时内,粉蝶盘绒茧蜂便会陆续飞来帮助卷心菜,消灭菜粉蝶幼虫。

　　其实,这一现象在自然界普遍存在,并且保持生态平衡的一个食物链,从这个角度看,自然界的任何生物体,都存在着密切的关系,也许一种生物的生存压根儿离不开另一种生物的存在。

　　这也是人类为什么要保持大自然界中生态平衡最显著的原因。